Studienwissen kompakt

Mit dem Springer-Lehrbuchprogramm „Studienwissen kompakt" werden kurze Lerneinheiten geschaffen, die als Einstieg in ein Fach bzw. in eine Teildisziplin konzipiert sind, einen ersten Überblick vermitteln und Orientierungswissen darstellen.

Weitere Bände dieser Reihe finden Sie unter
http://www.springer.com/series/13388

Stefan Behringer

Controlling

 Springer Gabler

Stefan Behringer
NORDAKADEMIE – Hochschule der Wirtschaft
Elmshorn, Deutschland

Studienwissen kompakt
ISBN 978-3-658-18379-0   ISBN 978-3-658-18380-6 (eBook)
https://doi.org/10.1007/978-3-658-18380-6

Die Deutsche Nationalbibliothek verzeichnet diese Publikation in der Deutschen Nationalbibliografie; detaillierte bibliografische Daten sind im Internet über http://dnb.d-nb.de abrufbar.

Springer Gabler
© Springer Fachmedien Wiesbaden GmbH 2018

Gedruckt auf säurefreiem und chlorfrei gebleichtem Papier

Springer Gabler ist Teil von Springer Nature
Die eingetragene Gesellschaft ist Springer Fachmedien Wiesbaden GmbH
Die Anschrift der Gesellschaft ist: Abraham-Lincoln-Str. 46, 65189 Wiesbaden, Germany

Vorwort

Controlling ist Stütze und Grundfunktion jeder Unternehmensführung. Alle Mitarbeiter sind in den meisten Unternehmen entweder direkter Adressat des Controllings und nutzen die Informationen, die dort bereitgestellt werden, oder sie sind zumindest indirekt Betroffene, da Entscheidungen auf Basis von Controlling-Berichten getroffen werden. Aus diesen Gründen ist Controlling Pflichtbestandteil fast aller betriebswirtschaftliche ausgerichteten Bachelor- und Masterstudiengänge.

Im Rahmen des vorliegenden Lehrbuchs sollen grundlegende Kenntnisse des Controllings vermittelt werden. Es werden zunächst die Aufgaben des Controllings vorgestellt. Dabei wird gegenübergestellt, was Controller in der Praxis tun und, was sie nach den Vorstellungen der betriebswirtschaftlichen Theorie tun sollten. In ▶ Kap. 1 wird zudem thematisiert, wie das Controlling in Unternehmen organisiert werden kann.

▶ Kap. 2 befasst sich mit den Informationen, die vom Controlling bereitgestellt werden. Internes und externes Rechnungswesen bilden die Informationsbasis. Wie die Zahlen aus diesen Rechenwerken zu Kennzahlen aufbereitet und in Analyseinstrumenten des Kostenmanagements verarbeitet werden, zeigt das Kapitel zur Informationsfunktion. Während ▶ Kap. 2 sich mit der vergangenheitsorientierten Aufbereitung von Informationen befasst, werden in ▶ Kap. 3 die zukunftsbezogenen Aufgaben des Controllings durch Planung dargestellt. Es wird diskutiert, wie eine Planung abläuft, welche Funktionen sie erfüllen soll und welchen Beitrag die Planung zur Zielerreichung von Unternehmen leisten kann. Wesentlicher Gegenstand dieses Kapitels ist zudem, welche Ziele ein Unternehmen sinnvollerweise verfolgen kann. Des Weiteren werden potenzielle Probleme der Planung und mögliche Alternativen dargestellt.

▶ Kap. 4 fasst die vergangenheits- und zukunftsorientierten Betrachtungsweisen zusammen. Das Soll (der Planwert) wird mit dem Ist verglichen. Dieses Kapitel stellt die möglichen Interpretationen von Abweichungen zwischen Soll und Ist zusammen.

▶ Kap. 5 gibt einen Überblick über Trends, die wahrscheinlich das Controlling in den nächsten Jahren stark beeinflussen werden. Es werden technische (Digitalisierung) und regulatorische (Risikomanagement und Compliance) Entwicklungen betrachtet, die das Arbeiten der Controlling-Abteilungen prägen werden.

Zielsetzung dieses Lehrbuchs ist es, die Tätigkeiten des Controllings darzustellen sowie einen Einblick in grundlegende Instrumente des Controllings zu geben. Damit erhalten Interessenten in eine Tätigkeit im Controlling einen ersten Einblick. Adressaten von Controlling-Informationen erhalten das notwendige Rüstzeug, um die Informationen interpretieren zu können.

Das Buch wendet sich an Studierende der Betriebswirtschaftslehre und anderer betriebswirtschaftlich geprägter Studiengänge. Viele Beispiele und Fallstudien helfen, den dargestellten Stoff zu illustrieren. Am Ende jedes Kapitels steht eine kurze Zusammenfassung, die die wesentlichen Aussagen auf den Punkt bringt. Das Gelernte kann mit Hilfe von kurzen Aufgaben (Let's check) überprüft werden. Vernetzende Aufgaben geben darüber hinaus Anstöße zum Weiterdenken und Vertiefen des Gelernten. Die Lösungen zu allen Aufgaben des Buches finden Sie gratis auf der Produktseite zum Buch unter ▶ www.springer.com.

Ich bedanke mich bei allen, die zum Gelingen dieses Buchs beigetragen haben, insbesondere allen Beteiligten beim Springer-Verlag und dem Team an der NORDAKADEMIE.

Prof. Dr. Stefan Behringer
Hamburg, im Juli 2017

Abkürzungsverzeichnis

Abb.	Abbildung
Abs.	Absatz
AktG	Aktiengesetz
BilMoG	Bilanzrechtsmodernisierungsgesetz
CAPM	Capital Asset Pricing Model
DIH	Days Inventory Held
DSO	Days Sales Outstanding
EBIT	Earnings before Interest and Taxes
EBITA	Earnings before Interest, Taxes and Amortisation
EBITDA	Earnings before Interest, Taxes, Depreciation and Amortisation
EBT	Earnings before Taxes
EDV	Elektronische Datenverarbeitung
FCF	Free Cashflow
GmbH	Gesellschaft mit beschränkter Haftung
HGB	Handelsgesetzbuch
IAS	International Accounting Standard
ICV	Internationale Controller Verein
IFRS	International Financial Reporting Standards
InsO	Insolvenzordnung
IT	Informationstechnologie
KontraG	Gesetz zur Kontrolle und Transparenz im Unternehmensbereich
lmi	leistungsmengeninduziert
lmn	leistungsmengenneutral
RoCE	Return on Capital Employed
RoI	Return on Investment
SMART	Specific, Measurable, Accepted, Realistic, Time bound
WACC	Weighted Average Cost of Capital
WHU	Wissenschaftliche Hochschule für Unternehmensführung

Inhaltsverzeichnis

1	**Grundlagen des Controllings**	1
1.1	**Aufgabengebiete von Controllern in der Praxis**	2
1.2	**Theoriegeleitete Ableitung der Aufgaben des Controllings**	6
1.3	**Organisation des Controllings**	9
1.3.1	Controlling als Linien- oder Stabsabteilung	9
1.3.2	Hierarchische Einordnung des Controllings	10
1.3.3	Zentrale oder dezentrale Organisation des Controllings	12
1.4	**Anforderungsprofil von Controllern**	15
1.5	**Lern-Kontrolle**	16
2	**Die Informationsfunktion des Controllings**	19
2.1	**Internes und externes Rechnungswesen als Basis des Controllings**	21
2.2	**Grundlagen der Kosten- und Leistungsrechnung**	24
2.2.1	Vollkostenrechnung	24
2.2.2	Teilkostenrechnung	26
2.3	**Kostenmanagement**	29
2.3.1	Prozesskostenrechnung	30
2.3.2	Target Costing	34
2.4	**Externes Rechnungswesen und Controlling**	36
2.5	**Aufbereitung der Informationen zu Kennzahlen und Kennzahlensystemen**	40
2.5.1	Grundlagen von Kennzahlen und Kennzahlensystemen	40
2.5.2	Erfolgskennzahlen	43
2.5.3	Finanzierungskennzahlen	45
2.5.4	Liquiditätskennzahlen	47
2.5.5	Das DuPont Kennzahlensystem	49
2.5.6	Die Balanced Scorecard	52
2.6	**Lern-Kontrolle**	58
3	**Die Steuerungsfunktion des Controllings**	61
3.1	**Begriff der Planung**	63
3.2	**Funktionen und Risiken der Planung**	68
3.3	**Ziele als Basis der Planung**	71
3.3.1	Zielbildung	71

3.3.2   Empirische Befunde zur Zielsetzung in Unternehmen 75
3.3.3   Beispiele für Zielsetzungen 76
3.3.4   Ableitung der Zielhöhe 83
3.4   **Ablauf des Planungsprozesses** 85
3.5   **Anreizprobleme durch Planung** 88
3.5.1   Das Problem der hidden information 88
3.5.2   Das Weitzmann-Schema 91
3.6   **Alternative Planungsansätze** 93
3.7   **Lern-Kontrolle** 95

4   **Die Kontrollfunktion des Controllings** 99
4.1   **Grundlagen der Kontrollfunktion** 100
4.2   **Soll-Ist Vergleich und Abweichungsanalyse** 102
4.3   **Problemfelder der Kontrollfunktion** 105
4.4   **Lern-Kontrolle** 106

5   **Trends im Controlling** 109
5.1   **Controlling und Digitalisierung** 110
5.2   **Controlling und Risikomanagement** 112
5.3   **Controlling und Compliance** 114
5.4   **Lern-Kontrolle** 116

         Serviceteil 119
         Tipps fürs Studium und fürs Lernen 120
         Glossar 125
         Literatur 129

Grundlagen des Controllings

1.1   Aufgabengebiete von Controllern in der Praxis – 2

1.2   Theoriegeleitete Ableitung der
        Aufgaben des Controllings – 6

1.3   Organisation des Controllings – 9
1.3.1   Controlling als Linien- oder Stabsabteilung – 9
1.3.2   Hierarchische Einordnung des Controllings – 10
1.3.3   Zentrale oder dezentrale Organisation des Controllings – 12

1.4   Anforderungsprofil von Controllern – 15

1.5   Lern-Kontrolle – 16

© Springer Fachmedien Wiesbaden GmbH 2018
S. Behringer, *Controlling*, Studienwissen kompakt,
https://doi.org/10.1007/978-3-658-18380-6_1

1

Lern-Agenda

Controlling ist ein vielschichtiger Begriff. Mit Controlling bezeichnete Stellen führen ganz unterschiedliche Tätigkeiten aus und übernehmen unterschiedliche Rollen in Unternehmen. Der Grundlagenteil dieses Buches nähert sich dem Bereich sowohl aus der Praxis als auch aus der Theorie an. Unter das theoretische Leitbild der „Rationalitätssicherung der Führung" werden die vorher dargestellten praktischen Einsatzfelder von Controllern gefasst. Anschließend werden die Möglichkeiten der organisatorischen Einordnung der Controlling-Abteilung als Stabs- oder Linienstelle zusammen mit der hierarchischen Ansiedlung in der Unternehmensorganisation diskutiert. In großen Unternehmen stellt sich zudem die Frage, ob das Controlling zentral oder dezentral organisiert werden sollte. Damit verbunden sind verschiedene Vor- oder Nachteile für die Wahrnehmung der Rationalitätssicherung der Führung. Daneben befasst sich das Kapitel damit, welche fachlichen und überfachlichen Anforderungen erfolgreiche Controller erfüllen sollten.

Grundlagen des Controllings

Aufgabengebiete von Controllern in der Praxis	Welche Aufgaben übernehmen Controller in der Praxis? Welche unterschiedlichen Rollen können Controller in der Praxis einnehmen?	▶ Abschn. 1.1
Theoriegeleitete Ableitung der Aufgaben des Controllings	Welche theoretische Begründung gibt es für die Einrichtung von Controlling-Stellen in Unternehmen?	▶ Abschn. 1.2
Organisation des Controllings	Welche alternativen Organisationsgestaltungen gibt es und welche Vor- und Nachteile sind damit verbunden? Wie lässt sich das Controlling in großen Unternehmen mit mehreren Geschäftsbereichen organisieren?	▶ Abschn. 1.3
Anforderungsprofil von Controllern	Welche fachlichen und überfachlichen Qualifikationen sollte ein erfolgreicher Controller haben?	▶ Abschn. 1.4

1.1 Aufgabengebiete von Controllern in der Praxis

Erzählt man im Freundeskreis über seine Tätigkeit im Controlling, so ist scheinbar jedem zumindest ein Aspekt der Tätigkeit klar: Ein Controller kontrolliert. Die sprachliche Nähe von Controlling und Kontrolle legt dies nahe, allerdings ist dies ein Missverständnis. Das englische Verb „to control" hat insbesondere auch die Bedeutung „steuern". Dies entspricht eher dem Selbstverständnis des Controllers von seiner Tätigkeit.

›› Auf den Punkt gebracht: Controller befassen sich mit der Unternehmenssteuerung. Davon ist Kontrolle ein Bestandteil, aber keineswegs der wichtigste oder gar einzige.

In der Praxis sind die Tätigkeiten von Controllern sehr unterschiedlich. Die Aufgaben gehen von Buchhaltung bis hin zu Top-Management Beratung mit starkem faktischem Einfluss auf die Unternehmensführung. Der Internationale Controller-Verein (ICV), in dem sich Controller verschiedener europäischer Länder zusammengeschlossen hat, versteht den Controller als Management-Partner. In seinem Leitbild heißt es (ICV 2013):

» Controller leisten als Partner des Managements einen wesentlichen Beitrag zum nachhaltigen Erfolg der Organisation.

Controller …
1. gestalten und begleiten den Management-Prozess der Zielfindung, Planung und Steuerung, sodass jeder Entscheidungsträger zielorientiert handelt.
2. sorgen für die bewusste Beschäftigung mit der Zukunft und ermöglichen dadurch, Chancen wahrzunehmen und mit Risiken umzugehen.
3. integrieren die Ziele und Pläne aller Beteiligten zu einem abgestimmten Ganzen.
4. entwickeln und pflegen die Controlling-Systeme. Sie sichern die Datenqualität und sorgen für entscheidungsrelevante Informationen.
5. sind als betriebswirtschaftliches Gewissen dem Wohl der Organisation als Ganzes verpflichtet.

Mit diesem Leitbild nimmt der Berufsstand der Controller das Konzept des **Business-Partnering** auf. Auch wenn Controller schon immer als Berater des Managements fungiert haben, ist die Funktion als Business-Partner weitergehender. Der Controller unterstützt die Unternehmensleitung. Er ist nicht nur Spezialist in seiner eigentlichen Domäne, dem Rechnungswesen. Er kennt auch die Besonderheiten der Branche und kann sich fundiert zu geschäftlichen Fragestellungen äußern. An dieser Stelle kann das oben genannte Missverständnis Controlling mit Kontrolle zu übersetzen, hinderlich sein. Häufig hat gerade das mittlere Management mit Kontrolleuren ihre Schwierigkeiten. Daher ist eine klare Rollendefinition und Aufgabenbeschreibung des Controllings extrem wichtig.

In der Praxis erfüllen Controller viele unterschiedlichsten Aufgaben. Das Controllerpanel der Hochschule WHU Koblenz befragt in regelmäßigen Abständen Controller nach ihren Aufgaben. ◼ Tab. 1.1 zeigt die zeitliche Beanspruchung von Controllern

◻ Tab. 1.1 Aufgaben des Controllings: Zeitliche Beanspruchung für einzelne Aufgaben in % des gesamten Zeitbudgets

Berichtswesen	21 %
Projektarbeit	16 %
Sonstige Beratung des Managements	15 %
Budgetplanung und -kontrolle	14 %
Kostenrechnung	8 %
Mittelfristplanung und -kontrolle	7 %
Strategische Planung und Kontrolle	6 %
Investitionsplanung und -kontrolle	5 %
Sonstiges	8 %

Auswertung aus dem WHU Controller-Panel (▶ http://www.whu-on-controlling.com/zahlen/. Zugegriffen: 4. Mai 2017)

für einzelne Aufgaben. Im Jahr 2014 wurden die Teilnehmer dazu befragt, wie viel Zeit sie für bestimmte Aufgaben aufwenden. Controller verwenden danach die meiste Zeit (27 % ihres gesamten Budgets) für Aufgaben in der Unternehmensplanung auf (Budget, mittelfristige und strategische Planung). Die Informationsbereitstellung an das Management (Berichtswesen) folgt mit 21 % der gesamten Arbeitszeit. Es folgt die Projektarbeit und die sonstige Beratung des Managements.

Viele dieser Aufgaben passen nicht direkt zur Business-Partner Rolle, wie sie vom ICV propagiert wird. Berichtswesen, Kostenrechnung und große Teile der Planungsaufgaben sind nicht unmittelbar zu der engen Partnerschaft mit den Entscheidungsträgern kompatibel. Die Aufgaben stellen aber eine notwendige Voraussetzung für die qualifizierte Beratung des Managements dar. Diese eher technisch geprägten, trockenen Tätigkeiten prägen aber vielfach noch den Controller Alltag. Häufig ist der Controller in der Praxis also doch noch der Bean Counter (Erbsenzähler), der das Image dieser Tätigkeit lange geprägt hat.

Die tatsächlich eingenommene Rolle hängt vielfach von der Situation und Kultur des Unternehmens ab. Man kann die Rollen nach der Kultur des Unternehmens differenzieren (Lambert und Sponem 2012):

- In Unternehmen, die auf Wachstumsmärkten agieren, werden Controller selten in strategische Entscheidungen eingebunden. Sie sind auf den Feldern Berichtswesen und Budgetplanung und -kontrolle tätig. Das Management betrachtet sie als notwendig, ihre Rolle ist aber diejenige eines unauffälligen Dienstleisters.

- In Unternehmen, die entweder vom Marketing oder von der Technik dominiert sind, spielt das Controlling eine gewichtige Rolle für das zentrale Management. Das Controlling ist Entsandter des Top-Managements und stellt dessen Entscheidungen durch Kontrolle sicher. Das Controlling ist aber nicht selbst an der Entscheidung über die strategische Situation beteiligt.
- Ist die Marketing- und die Finanzperspektive in Unternehmen gleich stark ausgeprägt, kann das Controlling tatsächlich die Rolle des Business Partners spielen. In diesen Unternehmen werden Entscheidungen des Managements detailliert vorbereitet – auch weil es zwei verschiedene gleichwertige Machtzentren gibt. Hier ist das Controlling von entscheidender Bedeutung. Allerdings steht das Controlling hier vor dem Dilemma „Involvement vs. Independence": Ist es an Entscheidungen beteiligt, wie es in diesen Unternehmen häufig vorkommen kann, kann es diese selbst ex post nicht mehr vorurteilsfrei beurteilen (Hopper 1980).
- Controller in Unternehmen, die aufgrund von finanziellen Schwierigkeiten in eine Schieflage geraten sind, können omnipotent werden. Kosten und Effizienz sind von allererster Bedeutung, Controller werden dadurch ebenfalls sehr bedeutend. Formal geben Controller durch ihre Auswertungen Entscheidungen frei und bekommen de facto eine stärkere Position als das operative Management. Sie sind nicht mehr Business Partner sondern werden selbst Entscheider.

> ▶ Auf den Punkt gebracht: Die Rolle, die das Controlling spielt, hängt stark von der Unternehmenskultur und der finanziellen Situation des Unternehmens ab. In Unternehmen mit starkem Marketing- oder Technik-Fokus ist der Einfluss des Controllings unterdurchschnittlich während er dort, wo finanzielle Schwierigkeiten sind, überdurchschnittlich ist. Business Partner sind sie nur in Unternehmen, bei denen es ausgewogene Machtverteilungen zwischen den einzelnen Abteilungen gibt.

In vielen Unternehmen zeichnet den Controller insbesondere seine Kompetenz in der Gewinnung, Aufbereitung und Auswahl von zielgerichteten Informationen aus. Inwieweit der Controller beteiligt ist an der weiteren Bearbeitung der Informationen, an der damit verbundenen Entscheidungsfindung ist abhängig von der tatsächlich gelebten Rolle im Unternehmen.

In kleineren Unternehmen übernehmen Controller (oder Mitarbeiter, die Controllingaufgaben neben anderen Bereichen mitverantworten) stärker operative Aufgaben aus den Bereichen Planung, Berichtswesen oder Kostenrechnung (Becker et al. 2016a). In größeren Unternehmen gibt es neben dem klassischen eher finanzwirtschaftlich orientierten Controlling häufig eine Reihe von **spezialisierten Controlling-Abteilungen**, die sich mit besonderen Controllingfragestellungen aus ihren Fachbereichen befassen: IT-Controlling, Logistikcontrolling, Personalcontrolling, Marketingcontrolling. Darüber hinaus gibt es einige Branchen, die aufgrund ihrer

1

Besonderheiten auch ein spezielles Controlling erfordern. Dies sind z. B. Banken, Versicherungen, Krankenhäuser aber auch öffentliche Betriebe, Hochschulen oder Forschungseinrichtungen.

1.2   Theoriegeleitete Ableitung der Aufgaben des Controllings

Das Management eines Unternehmens muss vielfältige Entscheidungen treffen: Soll in eine neue Anlage investiert werden? Soll das neue Produkt zuerst in Europa oder in Amerika auf den Markt gebracht werden? Soll ein neuer Mitarbeiter eingestellt werden oder die Filiale in einer ausländischen Stadt geschlossen werden? Betriebswirtschaftlich richtig wäre eine Entscheidungsfindung, die streng nach der **Zweck-Mittel Rationalität** getroffen wird: Die eingesetzten Mittel zur Erreichung eines Ziels müssen **effektiv** und **effizient** sein. Dabei bedeutet „effektiv", dass sie geeignet sind, das gesetzte Ziel zu erreichen. „Effizient" bedeutet, dass ein vernünftiges Verhältnis zwischen eingesetzten Ressourcen und Zielerreichung besteht. Wird ein kleines Feuer mit Champagner gelöscht, so ist dies zwar effektiv. Effizient ist es nur dann, wenn keine andere geeignete Flüssigkeit verfügbar war.

⊗ **Auf den Punkt gebracht: Das Controlling unterstützt die Unternehmensleitung bei der Einhaltung der Zweck-Mittel Rationalität, also beim effizienten und effektiven Einsatz von Ressourcen zur Erreichung der gesetzten Ziele.**

Eine wesentliche Rolle bei der Erfüllung der Zweck-Mittel Rationalität spielen Pläne. Pläne nehmen durch „prospektives Denkhandeln […] zukünftiges Tathandeln" vorweg (Kosiol 1967, S. 79). Während des Planungsprozesses wird durchdacht, welche Aktivitäten das Unternehmen in der kommenden Planperiode entfalten möchte. Des Weiteren überlegt man sich während der Planung, welche Handlungsfolgen durch diese Aktivitäten eintreten werden. Damit geben Pläne den Handelnden konkrete Ziele vor, die dann auch Basis für Kontrollaktivitäten sind. Da sie Ziele vorgeben, sind sie konstitutiv für die Beurteilung der Erreichung der Zweck-Mittel Rationalität. Das Erstellen und Bearbeiten von Plänen leistet somit einen wichtigen Beitrag zur Sicherstellung der größtmöglichen Rationalität. Außerdem wird die Erfolgswahrscheinlichkeit des Unternehmens durch eine bessere Allokation von Ressourcen verbessert. Die verschiedenen geplanten Aktivitäten des Unternehmens werden miteinander koordiniert. Dadurch kann ein aufeinander abgestimmtes Vorgehen im Unternehmen stattfinden, was die Erfolgswahrscheinlichkeit verbessert. Planung ist also Voraussetzung für eine zielgerichtete Steuerung des Unternehmens.

Auch Controller haben selbstverständlich keinen sicheren Blick in die Zukunft. Welche Randbedingungen (Reaktionen von Mitarbeitern oder Wettbewerbern) tatsächlich eintreten, ist vollkommen offen. Die volle Voraussicht – eine Voraussetzung für rationales Handeln – ist in der Realität nicht gegeben. Alle Menschen und damit auch der reale Manager und sein Controller handeln lediglich im Zustand der begrenzten Rationalität (**bounded rationality**, Simon 1961). Der Manager ist zwar gewillt, eine rationale Entscheidung zu treffen, aufgrund der Beschränkungen der menschlichen Wahrnehmung und Informationsverarbeitung ist er aber tatsächlich nicht in der Lage, stets rationale Entscheidungen zu treffen. Vergleicht man die Anlagen des Menschen mit den Anforderungen an ein rationales Handeln werden die Beschränkungen offenbar. Diese Beschränkungen äußern sich insbesondere in (Sanders und Kianty 2006, S. 171 f.):

- **Begrenzungen des Wissens:** Es liegen nicht die vollständigen Informationen über alle denkbaren Zustände des Unternehmens und des Marktes vor. Der Manager weiß nicht, was die Konkurrenz plant oder welche Potentiale im Unternehmen noch schlummern, z. B. welche Mitarbeiter besondere Talente haben. Manager wissen auch nicht, welche Produkte zukünftig denkbar sind etc. Sie kennen schlicht nicht alle Möglichkeiten, die ihnen eigentlichen offenstehen. Das menschliche Gehirn ist nicht darauf ausgelegt alles zu wissen (und alle Wissensbausteine miteinander in Beziehung zu setzen). Daraus folgt, dass eine wesentliche Voraussetzung des theoretischen Modells des homo oeconomicus nicht erfüllt ist und damit rationales Handeln im Sinne dieses Modells praktisch nicht möglich ist.

- **Begrenzungen der Antizipation:** Die möglichen Konsequenzen von Handlungen sind nicht vollständig zu übersehen. Entscheidet sich der Manager für eine Preissenkung weiß er nicht, wie Konsumenten und Konkurrenten auf diese Preissenkung reagieren. Auch die Reaktion von Mitarbeitern, die als besonders talentiert gelten, auf die Schließung einer Filiale ist nicht antizipierbar. Angesichts der Unvorhersehbarkeit der Zukunft werden Entscheidungen zwingend auf unvollständiger Informationsbasis getroffen.

- **Begrenzungen der Handlungsmöglichkeiten:** Dem Management ist nicht vollständig klar, welche Handlungsmöglichkeiten zur Verfügung stehen. Zum einen sind nur die Möglichkeiten wahrnehmbar, die heute bekannt sind. Neue Möglichkeiten, die sich einfach durch Warten ergeben würden, z. B. durch die Weiterentwicklung einer Technologie, sind beispielsweise unbekannt. Aber aufgrund der begrenzten Informationsverarbeitungskapazität des Menschen sind auch die heutigen tatsächlich offenstehenden Möglichkeiten nicht vollständig bekannt. An dieser Stelle überlappen sich die Begrenzungen der Handlungsmöglichkeiten und des Wissens.

> **Auf den Punkt gebracht:** Unternehmerische Entscheidungen werden im Zustand der begrenzten Rationalität getroffen. Dem Controlling kommt die Rolle zu, Rationalitätsdefizite aufzuzeigen und die Unternehmensleitung zu sensibilisieren.

1

Die Einschränkungen der begrenzten Rationalität führen dazu, dass das Management eines Unternehmens die Entscheidungen nicht mit vollständigen Informationen treffen kann. Von dieser Annahme gehen aber die wirtschaftswissenschaftlichen Modelle im Regelfall aus. Nimmt man hinzu, dass der Managementalltag stark durch Unterbrechungen geprägt ist und ein Manager außerordentlich selten die Gelegenheit hat, sich an einem Stück intensiv mit einer Frage auseinanderzusetzen (Mintzberg 2009), werden die Grenzen rationaler Entscheidungsfindung deutlich. Da es aber das Bestreben ist, Entscheidungen möglichst rational zu treffen, wird mit dem Controlling eine Funktion im Unternehmen geschaffen, die explizit die Aufgabe bekommt, die Rationalität der Entscheidungen des Managements soweit wie möglich sicher zu stellen. Diese Aufgabe des Controllings wird als die **Rationalitätssicherung der Führung** bezeichnet (Weber und Schäffer 1999).

Das Controlling nimmt die Aufgaben für die Rationalitätssicherung auch tatsächlich wahr. So sind Pläne – wie gezeigt – konstitutiv für die Einhaltung der Rationalität, weil durch sie die Ziele verbindlich vorgegeben werden. Berichtswesen und andere Tätigkeiten der Informationsversorgung leisten ebenfalls ihren Beitrag zur Rationalitätssicherung, da nur durch relevante Informationen, Entscheidungen durch das Führungspersonal auf Basis eines ausreichenden Wissensstandes getroffen werden können, was Voraussetzung für rationale Entscheidungen ist. Die Unterstützung des Managements kann ebenfalls unter den Begriff Rationalitätssicherung subsumiert werden. Zum einen übernehmen Controller Aufgaben, um das Management zu entlasten. Dies sind zumeist entscheidungsvorbereitende Aktivitäten, wie Investitionsrechnungen, die Planerstellung usw. Hier haben Controller Spezialisierungsvorteile, da sie diese Tätigkeiten häufiger ausführen. Manager werden dadurch in ihrem knappen Zeitbudget entlastet. Sie haben Zeit, sich um andere wichtige, nicht delegierbare Aktivitäten zu kümmern. Zum anderen beraten Controller das Management. Dadurch werden Managemententscheidungen von einer zweiten Seite betrachtet. Controller werfen einen unabhängigen Blick auf Entscheidungen. So kann erreicht werden, dass Manager ihre Entscheidungen objektiver und nicht nur im eigenen treffen. Die Gliederung dieses Buchs folgt den Aufgabengebieten des Controllings (siehe ◘ Abb. 1.1): ► Kap. 2 befasst sich mit der Informationsfunktion, ► Kap. 3 erläutert die Steuerungsfunktion, worunter insbesondere die Planung verstanden wird, und ► Kap. 4 die Kontrollfunktion. Alles sind Teilbereiche der Rationalitätssicherungsfunktion, die das Oberziel des Controllings ist.

Kritisch zur Rationalitätssicherungsfunktion wird häufig eingewandt, dass damit die Aufgaben des Controllings zu weit gezogen sind, da ja auch der Controller ein auf den eigenen Vorteil bedachter, nur mit begrenzter Rationalität ausgestatteter Mensch ist (z. B. Horváth 2002, S. 341). Diese Feststellungen sind natürlich berechtigt. Controller sind auch „nur" Menschen, für die die begrenzte Rationalität gilt. Für die Einrichtung einer Funktion, die sich der Leitlinie der Rationalitätssicherung verpflichtet fühlt, spricht trotz der offensichtlichen Unzulänglichkeiten der Menschen, die im Controlling arbeiten, das Ziel bessere Entscheidungen zu erreichen.

☐ Abb. 1.1 Funktionen des Controllings und Kapitel dieses Buches

INFORMATIONSFUNKTION (Kap. 2)

STEUERUNGSFUNKTION (Kap. 3)

KONTROLLFUNKTION (Kap. 4)

RATIONALITÄTSSICHERUNG

Aus der Aufgabenbeschreibung der Rationalitätssicherung der Führung folgt auch unmittelbar die Abgrenzung zwischen den Aufgaben von Controlling und Management. Die Manager tragen die Verantwortung für die Führung des Unternehmens. Sie müssen folglich auch die Entscheidungen treffen und sind für die Folgen, die sich aus einer Entscheidung ergeben, verantwortlich. Der Controller ist ein Berater, der die Entscheidungen vorbereitet, sie aber nicht selbst trifft. Hier kann man das Bild von dem Fahrer und Beifahrer bemühen. Der Manager ist der Fahrer, der das Steuerrad selbst in der Hand hält und entscheidet, welcher Weg tatsächlich gefahren wird. Der Controller ist der Beifahrer, der die Karte liest und mit seinen Vorschlägen für eine Route die Entscheidungen des Managers vorbereitet.

1.3 Organisation des Controllings

1.3.1 Controlling als Linien- oder Stabsabteilung

In den vorherigen Abschnitten sind die Aufgaben des Controllings einmal empirisch und einmal theoretisch abgeleitet worden. Jetzt stellt sich die Frage, wer Träger dieser Aufgabe sein soll (das Controlling) und wie diese Aufgabe organisiert sein soll.

Eigenständige Controller-Stellen gibt es in fast allen größeren Unternehmen. Unternehmensgröße und Größe der Controlling-Abteilung stehen dabei in einem direkten Verhältnis zueinander: Je größer das Unternehmen desto größer ist meist auch die Controlling-Abteilung. Dies ist plausibel, da in einer größeren Organisation die Koordination schwieriger ist und damit Pläne und Berichte als Koordinationsinstrument an Gewicht gewinnen.

Diskutiert wird häufig, ob Controlling eine Linien- oder eine Stabsfunktion ist. **Linienfunktionen** verfügen über disziplinarische Autorität, sie führen und treffen Entscheidungen, an die andere gebunden sind. Controller stehen dann gleichberechtigt mit anderen Abteilungen in der Linie (z. B. Produktion, Vertrieb). **Stabsstellen** übernehmen nur indirekte Leitungsfunktion. Sie beraten, analysieren und bereiten Entscheidungen vor. Sie verfügen über fachliche Autorität, entscheiden aber nicht

1

selbst. Allerdings fällt auch diesen Abteilungen aufgrund ihres direkten Zugangs zur Unternehmensführung häufig eine hohe informelle Macht zu. Ihr Ratschlag wird gehört und häufig auch umgesetzt.

Controller werden häufig in klassischen Stabsabteilungen organisiert. Sie unterstützen die Führung und entscheiden in der Regel nicht selbst. Entscheidungskompetenz haben Controller nur für ihre eigenen Angelegenheiten. Dies betrifft z. B. Ablauf und Prämissen der Planung, eigene Personalauswahl und Arbeitsabläufe. Darüber hinaus werden sie nur beratend und hinterfragend tätig. Für die Planung bedeutet dies, dass der Controller zwar die Inhalte hinterfragt aber nicht befugt ist, Entscheidungen über Planinhalte selbst zu treffen. Mit der Entscheidungskompetenz über den Planungsprozess wird aber die rein entscheidungsvorbereitende Rolle bereits überschritten. Gerade aber die Koordination anderer Bereiche bedingt auch, dass eine teilweise Linienverantwortung im Controlling notwendig wird. Erkennt das Controlling beispielsweise, dass die Teilpläne der Abteilungen nicht zueinander passen (z. B. plant das Marketing eine Kampagne für ein Produkt für das die Produktionsabteilung die Kapazitäten zurückfährt), so muss es diese benennen und eingreifen. Eine Stabsstelle kommuniziert diesen Missstand an die Unternehmensleitung, die die beiden beteiligten Abteilungen beauftragt, sich richtig zu koordinieren. In vielen Unternehmen wird dieser Prozess jedoch abgekürzt: Das Controlling fordert beide Abteilungen auf, den Sachverhalt zu klären. Aus diesem Grund wird in den meisten Unternehmen das Controlling zwar formal als Stabsstelle geführt, de facto haben sie jedoch deutlich mehr Macht und Kompetenzen, die teilweise aus dem Bereich der Linienorganisation entlehnt sind.

Die **informelle Macht**, die Controller ausüben entspringt unmittelbar dem direkten Zugang zur Unternehmensleitung. Bereitet das Controlling Entscheidungsgrundlagen vor, so bestimmt die Auswahl und Präsentation von Informationen häufig die gefällte Entscheidung zumindest wesentlich mit. Im Umkehrschluss wäre es jedoch verkehrt dem Controlling formal auch alle Leitungsbefugnisse zuzugestehen, die sie informell auch haben. Dies würde in nicht wenigen Unternehmen bedeuten, dass das Unternehmen de facto von Controllern geleitet würde. ◘ Tab. 1.2 fasst die Vor- und Nachteile der Stabs- und Linienorganisation des Controllings zusammen.

1.3.2   Hierarchische Einordnung des Controllings

Das Controlling erhält die höchste mögliche Autorität, wenn es direkt in der Geschäftsführung bzw. dem Vorstand verankert wird, wie es in ◘ Abb. 1.2 dargestellt ist. Damit fallen dem Controlling automatisch Weisungsrechte zu, die die Koordination der einzelnen Bereiche erleichtern und damit die diskutierten Probleme für Linien- und Stabsabteilungen reduzieren. Der Controller ist in diesem Fall ein gleichberechtigtes Mitglied der Unternehmensführung. Um die Rolle der Rationalitätssicherung der Führung sachgerecht ausführen zu können, ist eine umfassende Informationsversorgung

Tab. 1.2 Vor- und Nachteile von Stabs- und Linienorganisation des Controllings			
Controlling als Stabsabteilung		Controlling als Linienabteilung	
Vorteile	Nachteile	Vorteile	Nachteile
Hohe Neutralität Einbindung in den Informationsfluss und enger Kontakt zur Unternehmensleitung	Keine Weisungsbefugnis u. U. geringe Autorität	Weisungsbefugnis Hohe Bedeutung und Autorität in der Organisation	u. U. schlechtere Einbindung in Entscheidungen
Deimel et al. 2013, S. 39			

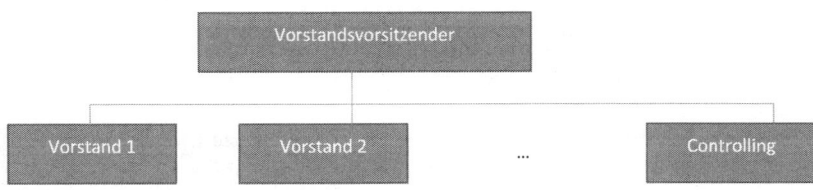

Abb. 1.2 Organisation des Controllings auf Vorstandsebene

notwendig. Der Controller kann relevante Informationen nur zuliefern, wenn er über Entscheidungen Bescheid weiß. Mit der Verortung des Controllings in der obersten Unternehmensführung wäre dies gesichert. Problematisch an dieser hohen hierarchischen Einordnung ist allerdings, dass der Controller selbst Teil des obersten Entscheidungsgremiums wird und damit seine unabhängige Rolle verliert. Dies könnte das kritische Hinterfragen, wie es zur Rationalitätssicherung der Führung gehört, zumindest erschweren. Außerdem ist das Controlling in diesem Fall nicht mehr vollständig entlastend für die Unternehmensleitung. Können Koordinationsprobleme ansonsten auf unterer Ebene mit dem Controlling als Moderator erörtert werden, landen diese Aufgaben wieder im Gesamtvorstand.

In der Praxis häufiger anzutreffen, ist die Verankerung des Controllers auf zweiter Leitungsebene. Dann berichtet der Leiter des Controllings an einen Geschäftsführer oder Vorstand „Finanzen" oder „Rechnungswesen", wie es in Abb. 1.3 skizziert ist. Die hierarchische Einordnung ist nach wie vor herausragend, allerdings kann der Controller seine Unabhängigkeit bewahren und ist nicht selbst Teil der Entscheidungsgremien. Die Akzeptanz bei anderen Abteilungen ist aber nicht mehr selbstverständlich. Die Akzeptanz muss sich durch wertschöpfende Arbeit verdient werden, ansonsten steht das Controlling hinter anderen Funktionsbereichen zurück.

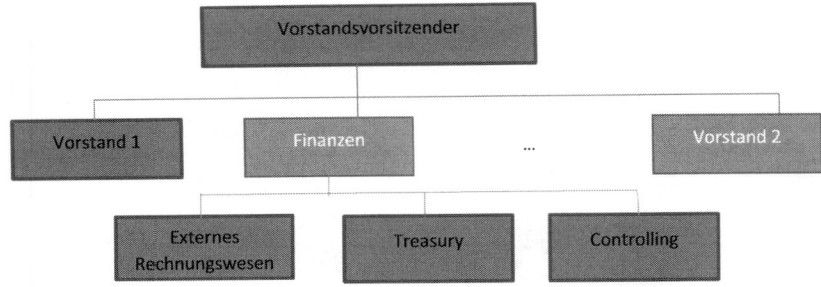

□ Abb. 1.3 Organisation des Controllings auf zweiter Hierarchieebene

> ▸ Auf den Punkt gebracht: Die hierarchische Einordnung des Controllings steht im Spannungsfeld von Nähe zu Entscheidungen und Informationen auf der einen und der Unabhängigkeit des Controllings auf der anderen Seite. Viele Unternehmen lösen dieses Dilemma, indem sie das Controlling auf der zweiten hierarchischen Ebene ansiedeln.

Wird das Controlling noch tiefer in der Hierarchie angesiedelt fehlt es an Entscheidungskompetenz und an Zugang zu den Entscheidungsgremien. Daher findet sich diese Einordnung zumeist nur in Unternehmen, in denen das Controlling eine untergeordnete Rolle spielt (z. B. Wachstumsunternehmen oder marketing- oder technikgetriebenen Unternehmen).

1.3.3 Zentrale oder dezentrale Organisation des Controllings

In größeren Unternehmen oder Konzernen stellt sich die Frage nach einer zentralen oder dezentralen Organisation des Controllings. Wird das Controlling zentral organisiert, gibt es eine Controlling-Abteilung, die bei der Unternehmensleitung angesiedelt ist, während in der dezentralen Organisation mehrere Controller-Stellen über die Organisation in den verschiedenen Geschäftsfeldern verteilt sind.

In der **zentralen** Organisationsform (vgl. □ Abb. 1.4) leistet die Controlling-Abteilung sowohl Unterstützung für die Unternehmensleitung, der sie disziplinarisch direkt unterstellt ist, als auch für die dezentralen Geschäftsfelder. Das Controlling ist in dieser Konstellation direkt an die Unternehmensleitung gebunden und damit in alle wesentlichen Entscheidungsvorgänge eingebunden. Außerdem kann durch diese Art sichergestellt werden, dass Standards (z. B. Definition von Kennzahlen) unternehmensweit einheitlich angewendet werden. Problematisch ist allerdings die teilweise geringe Akzeptanz in den Geschäftsfeldern. Der zentrale Controller kann als Kontrolleur

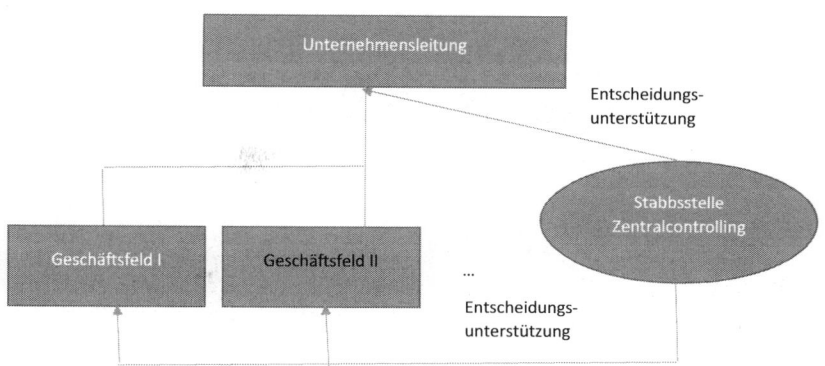

Abb. 1.4 Zentrale Controllingorganisation

der Unternehmensleitung missverstanden werden, was seine Rolle als interner Berater erschwert. Handelt es sich bei den verschiedenen Geschäftsfeldern um Bereiche, die eine unterschiedliche Herangehensweise erfordern, so kann sich auch eine formale Gleichbehandlung (mit gleichen Kennzahlen) aber inhaltliche Ungleichbehandlung (durch gleiche Interpretation unterschiedlicher Sachverhalte) ergeben.

In einem **dezentral aufgestellten Controlling** hat jedes Geschäftsfeld seine eigene Controllingstelle. Schematisch ist diese Konstellation in Abb. 1.5 dargestellt. Die Controlling-Abteilungen sind weitgehend autonom und bestimmen selbst, wie sie vorgehen. Ihre erste Loyalität haben sie gegenüber ihrem Geschäftsfeld, was die unabhängige Informationsversorgung der Unternehmensleitung schwierig macht. Hier sind sie auch vollständig eingebunden. Kritisch ist, dass gerade schwierige Entscheidungen (z. B. die Schließung eines Bereichs) in dieser Konstellation nur selten durch das Controlling vorgeschlagen werden. Dem Controlling fehlt es an kritischer Distanz zu seinem Geschäftsfeld. Des Weiteren ist nicht gesichert, dass Standards und Methoden einheitlich angewendet werden. Vielfach führt dieses Modell auch zu einem erhöhten Personalbedarf im Unternehmenscontrolling.

> **Auf den Punkt gebracht:** In der zentralen Organisationsform berichtet das Controlling fachlich und disziplinarisch an die Unternehmensleitung. In der dezentralen Organisationsform berichtet das Controlling fachlich und disziplinarisch an die Leiter der Geschäftsfelder.

Um die Vorteile beider Organisationsformen nutzen zu können, arbeiten viele Unternehmen mit einer zentral-dezentral gemischten Struktur. Dabei bekommen die Controllingbereiche zwei Vorgesetzte. Fachlicher Vorgesetzter wird die zentrale Controlling-Abteilung, disziplinarischer Vorgesetzter ist die Fachabteilung. Damit wer-

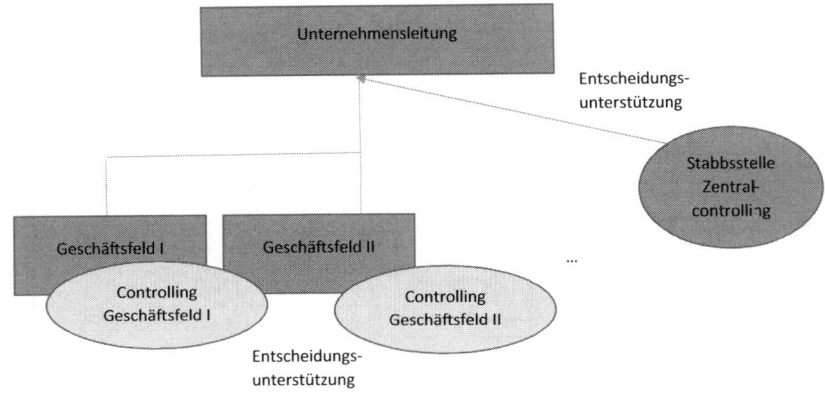

■ **Abb. 1.5** Dezentrale Controllingorganisation

den zwei Nachteile der reinen Dezentralisierung ausgeglichen: Methoden können einheitlich angewandt werden und die Information fließt zur Unternehmensleitung, da das zentrale Unternehmenscontrolling den vollen Zugriff auf die Erkenntnisse der dezentralen Controller hat. Trotzdem erhalten die Leiter der Geschäftsfelder jedoch vertrauensvolle Beratung, da die Controller disziplinarisch an die Leiter der Geschäftsfelder berichten.

Die logische Zuordnung bedingt, dass operative Aufgaben im dezentralen Controlling verortet werden während strategische Aufgaben zentral durchgeführt werden. Im Berichtswesen sollte man so viel Zentralisierung wie nötig realisieren, aber so viel Dezentralisierung zulassen wie möglich. Dezentralisierung führt zu einem besseren Verständnis der Gründe für bestimmte Geschäftsentwicklungen. Gerade das Erkennen von Risiken ist für eng mit der Geschäftätigkeit verbundene Mitarbeiter sehr viel einfacher als für die Zentralabteilung. Geschäftsnahe Aufgaben sollten also idealtypisch an das operative dezentral verankerte Controlling gegeben werden, wobei die zentrale Controllingeinheit so viel Durchschlagskraft haben muss, dass sie auch die Berichterstattung von schwierigen Sachverhalten sicherstellen und dafür Sorge tragen kann, dass Methoden einheitlich angewendet werden. Dies ist wichtig, da das Controlling definitionsgemäß als Rationalitätssicherer der Unternehmensleitung auch eine besondere Bedeutung für die Unternehmensführung hat.

In einem Konzern muss die Organisation des Controllings eine zusätzliche Komplexitätsebene berücksichtigen. Ein Konzern besteht aus mindestens zwei rechtlich selbständigen Unternehmen, bei denen eines das andere beherrscht. Wichtige betriebswirtschaftliche Sachverhalte knüpfen an der rechtlichen Einheit an (z. B. Insolvenz, Besteuerung, ausgewiesener Gewinn). Wirtschaftlich kann aber das Konstrukt

Konzern wichtig sein (z. B. bei der Planung). Des Weiteren tritt zu dem Ergebnis auf Einzelunternehmensebene noch das Konzernergebnis hinzu. Damit ergeben sich zwei Ebenen für das Controlling: Ein dezentrales Controlling ist bei den Tochtergesellschaften angesiedelt während konzernrelevante Fragestellungen inklusive einer Betrachtung der Tochtergesellschaft als Ganzer auf Konzernebene im **Konzern- oder Beteiligungscontrolling** angesiedelt sind (Behringer 2014).

Beispiel: Zusammenarbeit von zentralem und dezentralem Controlling im VW-Konzern

Neben einer Controlling-Abteilung, die beim Konzernvorstand für Finanzen angesiedelt ist, gibt es in allen Teilkonzernen (z. B. Audi, Skoda, Seat) ebenfalls eine Controlling-Abteilung, die beim jeweiligen Finanzvorstand des Teilkonzerns angesiedelt ist. Das zentrale Konzerncontrolling ist dabei für die Gesamtsteuerung und die Koordination im Gesamtkonzern zuständig. Die Controlling-Abteilungen in den Teilkonzernen befassen sich demgegenüber mit stärker operativen Fragestellungen: Es gibt dort spezielle Controlling-Abteilungen (z. B. für die Konzernmarke Volkswagen) für Produktion, Beschaffung, Vertrieb oder Logistik. Um eine Einheitlichkeit zu gewährleisten, stimmen sich zentrales Controlling und Controlling-Abteilungen der Teilkonzerne ab und arbeiten gleichberechtigt zusammen (Britzelmaier 2013).

1.4 Anforderungsprofil von Controllern

Die vielfältigen Aufgaben, die Controller in der Praxis wahrnehmen und die hohe Bedeutung, die sie für eine erfolgreiche Unternehmensführung haben, führen dazu, dass sie vielfältige fachliche und überfachliche Qualifikationen erfüllen müssen. Hierbei sind insbesondere Kenntnisse im Rechnungswesen, das die Basis der Controllingtätigkeit ist, und Kenntnisse des gängigen Controlling-Instrumentariums als notwendige Voraussetzung zu nennen. Ohne Einsatz von moderner EDV ist heute kein Berichtswesen in Unternehmen mehr vorstellbar. Zusammen mit dem Vordringen von EDV-Anwendungen sind EDV-Kenntnisse immer wichtiger für Controller geworden. Diese Tendenz wird weiter anhalten. Big Data und andere aktuelle Entwicklungen werden die EDV-Kompetenz von Controllern immer weiter fordern (vgl. ▶ Abschn. 5.1).

Traditionell werden analytische Fähigkeiten und Durchsetzungsfähigkeit als überfachliche **Schlüsselqualifikationen** für Controller genannt. Nicht unterschätzen darf man aber auch Fähigkeiten, die eher den Soft Skills zuzuordnen sind, wie Zuhören, Mediationsfähigkeit und Teamfähigkeit. In der Entwicklung hin zu eher weichen Faktoren steht die Beobachtung, dass Unternehmen stärker und besser im Konsens geführt werden. Daraus ergibt sich, dass das alte Bild der Controller als „bad guys" hinfällig geworden ist. Das Zurückdrängen von Hierarchie erfordert eine offenere und vertrauensvollere Kommunikation. Gerade für Controller wird es daher zur Schlüssel-

kompetenz, Informationen zu bekommen und trotzdem die Rolle der Rationalitätssicherung der Führung, die zwangsläufig das Aussprechen unbequemer Wahrheiten
beinhaltet, ausfüllen zu können.

Formal wird bei den meisten Controllern ein Hochschulstudium mit betriebswirt-
schaftlichem Schwerpunkt gefordert. Ergänzt wird dies durch fundierte Kenntnisse der
Branche. Insbesondere wenn das Bild des Business Partners ernst genommen wird, ist
letzteres von fundamentaler Bedeutung. Man kann als Controller nur ernst genommen
werden, wenn man versteht wie das eigentliche Geschäft funktioniert. Auch nur dann
kann man Ratschläge erteilen, die die Anforderungen an echte Rationalitätssicherung
erfüllen. Ansonsten fällt das Controlling schnell zurück in überkommen geglaubte
Rollenbilder wie der des Erbsenzählers oder Zahlenknechts. Dieses immer noch in
vielen Unternehmen gepflegte Vorurteil beschreibt den Controller als zahlenverses-
senen und übergenauen Buchhalter, der die Realitäten der Geschäftstätigkeit ignoriert
und stattdessen formale Genauigkeit erreichen will, deren Nutzen mehr als zweifelhaft
ist (Weber und Schäffer 2016, S. 15).

1.5 Lern-Kontrolle

Kurz und bündig

Controller erfüllen in der Praxis eine Vielzahl von unterschiedlichen Aufgaben. Im Wesentlichen lassen sich diese in die Bereiche Informationswesen, Planung und Projektaufgaben
einteilen. Alle diese Aufgaben lassen sich unter das Leitbild „Rationalitätssicherung der Führung" fassen. Das Controlling ist diejenige Abteilung im Unternehmen, die dafür sorgen soll,
dass Entscheidungen möglichst rational getroffen werden. Diese Aufgabe entsteht durch
die menschliche Beschränkung, rational zu handeln (bounded rationality). Im günstigsten
Fall kann das Controlling dann die Rolle des Business Partners ausfüllen, der den operativen Abteilungen mit Expertenwissen aber auch hervorragenden Geschäftskenntnissen als
Berater und Partner zur Entscheidungsvorbereitung zur Verfügung steht.

Controlling-Abteilungen können in die Linie (mit Entscheidungskompetenz) oder in
den Stab (nur mit Beratungskompetenz) eingeordnet werden. Zumeist findet sich das Controlling in der ersten oder zweiten Hierarchieebene wieder, wobei auf der ersten Hierarchieebene die Problematik der fehlenden Unabhängigkeit bei Entscheidungen entstehen
kann. In Großunternehmen kann das Controlling zentral direkt an die Unternehmensleitung berichten oder dezentral in den einzelnen Geschäftsfeldern platziert sein. Das Controlling steht dabei in dem Spannungsfeld von Nähe zum Geschäft und Unabhängigkeit,
um auch unpopuläre Wahrheiten aussprechen zu können. Controller haben meistens ein
abgeschlossenes Hochschulstudium und gute Kenntnisse in Rechnungswesen. Neben
Durchsetzungsfähigkeit ist das Talent, Vertrauen zu gewinnen, sehr wichtig für Erfolg in
der Controlling-Funktion.

Let's check

Überlegen Sie, ob die folgenden Aussagen richtig oder falsch sind:

- Controller sind für die Informationsversorgung der Unternehmensleitung zuständig.
- Controller entscheiden über die Inhalte der Unternehmensplanung.
- Rationalität bedeutet, dass mit minimalen Ressourcen ein maximales Ergebnis erreicht wird.
- Rationalität bedeutet, dass mit minimalen Ressourcen ein vorgegebenes Ziel erreicht wird.
- Informationen sorgen dafür, dass die Unsicherheit bei Entscheidungen reduziert wird.
- Menschen sind deshalb nur beschränkt rational, weil sie nicht alle relevanten Informationen kennen, nicht alle Handlungsalternativen und deren Folgen kennen.
- Controller handeln vollständig rational.
- Wird das Controlling innerhalb der Linie integriert, ist es besonders unabhängig von Entscheidungen.
- Auch wenn das Controlling selbst keine Entscheidungskompetenzen hat, kann es durch seine Rolle als Entscheidungsvorbereiter eine hohe informelle Macht entfalten.
- Das Controlling sollte im Vorstand direkt vertreten sein, um besonders unabhängig zu sein.
- In Großunternehmen kann das Controlling zentral oder dezentral organisiert sein.
- In der zentralen Organisationsform ist die unabhängige Informationsversorgung der Unternehmensleitung gewährleistet.
- In der dezentralen Organisationsform ist die Nähe zur Geschäftstätigkeit gewährleistet, so dass das Controlling als guter Business Partner fungieren kann.
- Für Controller ist es von besonderer Bedeutung jederzeit durchsetzungsfähig zu sein.

Vernetzende Aufgaben

1. In einem mittelständischen Unternehmen des Maschinenbaus mit 100 Mitarbeitern soll erstmals eine eigenständige Controller-Stelle besetzt werden. Überlegen Sie, wie ein Anforderungsprofil (fachliche und überfachliche Kompetenzen) für die Besetzung dieser Stelle aussehen sollte.

2. Controller sollen die Rationalität der Führung sichern. Überlegen Sie, welche Probleme dabei in eigentümergeführten Unternehmen im Gegensatz zu Unternehmen, deren Aktien im Streubesitz sind, entstehen können.

1

ⓘ Lesen und vertiefen

- Weber, J, Schäffer, U (2016) Einführung in das Controlling. 15. Auflage, Schäffer-Poeschel, Stuttgart.
  Lehrbuch, das einen grundlegenden Einblick in alle Facetten des Controllings gibt. Auf Weber und Schäffer geht insbesondere die Funktionszuschreibung „Rationalitätssicherung der Führung" für das Controlling zurück. Auch sonst werden hier die grundlegenden Fragen des Controllings ausführlich behandelt.

- Horváth, P, Gleich, R, Seiter, M (2015) Controlling. 13. Auflage, Vahlen, München.
  Grundlegendes Lehrbuch zum Controlling. Neben umfangreichen historischen Einführungen werden die verschiedenen Konzepte des Controllings ausführlich dargestellt.

Die Informationsfunktion
des Controllings

2.1   **Internes und externes Rechnungswesen**
             als Basis des Controllings – 21

2.2   **Grundlagen der Kosten- und Leistungsrechnung – 24**
2.2.1   Vollkostenrechnung – 24
2.2.2   Teilkostenrechnung – 26

2.3   **Kostenmanagement – 29**
2.3.1   Prozesskostenrechnung – 30
2.3.2   Target Costing – 34

2.4   **Externes Rechnungswesen und Controlling – 36**

2.5   **Aufbereitung der Informationen zu Kennzahlen**
             und Kennzahlensystemen – 40
2.5.1   Grundlagen von Kennzahlen und Kennzahlensystemen – 40
2.5.2   Erfolgskennzahlen – 43
2.5.3   Finanzierungskennzahlen – 45
2.5.4   Liquiditätskennzahlen – 47
2.5.5   Das DuPont Kennzahlensystem – 49
2.5.6   Die Balanced Scorecard – 52

2.6   **Lern-Kontrolle – 58**

© Springer Fachmedien Wiesbaden GmbH 2018
S. Behringer, *Controlling,* Studienwissen kompakt,
https://doi.org/10.1007/978-3-658-18380-6_2

2

Lern-Agenda

Die Informationsfunktion des Controllings ist zentral für die Rationalitätssicherung der Führung, da sie auch Basis der Steuerungs- und Kontrollfunktion ist. Zumeist bedient sich das Controlling der Daten aus dem Rechnungswesen, das sich in externes und internes teilt. Das Controlling selbst ist häufig Träger des internen Rechnungswesens, hat aber auch viele Beziehungen zum externen Rechnungswesen als Nutzer wie auch als Informationslieferant.

Grundlagen der Kosten- und Leistungsrechnung (dem internen Rechnungswesen) werden erläutert, Einsatzgebiete werden dargestellt. Ausblicke in die Steuerungsfunktion des Controllings bietet das Kostenmanagement, dessen Ziel es ist, Kosten zu beeinflussen.

Die wesentliche Aufgabe des Controllings in der Informationsfunktion ist es, die Information so aufzubereiten, dass sie entscheidungsnützlich für die Entscheidungsträger im Unternehmen sind. Dazu bedient sich das Controlling zumeist Kennzahlen oder wenn mehrere Kennzahlen kombiniert werden Kennzahlensystemen, die anhand ausgewählter Beispiele vorgestellt werden.

Die Informationsfunktion des Controllings

Internes und externes Rechnungswesen als Basis des Controllings	Welche Aufgaben haben internes und externes Rechnungswesen? Worin unterscheiden sich die beiden Arten des Rechnungswesens?	▶ Abschn. 2.1
Grundlagen der Kosten- und Leistungsrechnung	Wie ist die Kosten- und Leistungsrechnung in der Variante der Vollkosten- und der Teilkostenrechnung aufgebaut? Welche Vor- und Nachteile haben die beiden Systeme? Welche betrieblichen Fragestellungen lassen sich mit beiden Systemen beantworten?	▶ Abschn. 2.2
Kostenmanagement	Mit welchen Instrumenten kann man Kosten steuern? Welche Vorteile haben die Prozesskostenrechnung und das Target Costing? Für welche Problemfelder eignen sich die beiden Instrumente?	▶ Abschn. 2.3
Externes Rechnungswesen und Controlling	Welche Rolle spielt das externe Rechnungswesen für das Controlling? Welche Informationen liefert das Controlling für das externe Rechnungswesen zu?	▶ Abschn. 2.4

| Aufbereitung der Informationen zu Kennzahlen und Kennzahlensystemen | Was ist eine Kennzahl? Welche Funktionen übernehmen sie? Welche Erfolgs-, Finanz- und Liquiditätskennzahlen gibt es und wie werden sie berechnet? Wie setzt sich das DuPont Kennzahlensystem zusammen? Was ist die Balanced Scorecard und was ist bei ihrer Einführung zu beachten? | ▶ Abschn. 2.5 |

2.1 Internes und externes Rechnungswesen als Basis des Controllings

Das Rechnungswesen ist eine „systematische Ermittlung, Aufbereitung, Darstellung, Analyse und Auswertung von Zahlen über den einzelnen Wirtschaftsbetrieb und seine Beziehungen zu anderen Wirtschaftssubjekten" (Weber und Rogler 2004, S. 2). Das Rechnungswesen ist folglich zentraler Bestandteil des Informationssystems des Unternehmens und damit auch Bestandteil des Controllings.

Das Rechnungswesen gliedert sich wiederum in die **Finanzbuchhaltung**, die aufgrund gesetzlicher (steuerrechtlicher und handelsrechtlicher) Verpflichtungen einzurichten ist und sich auch an externe Adressaten wendet, und die **Betriebsbuchhaltung**, die für interne Zwecke erarbeitet wird und sich weitestgehend an interne Adressaten wendet. Die Finanzbuchhaltung ist Basis des externen Rechnungswesens, das im Jahresabschluss mündet. Unternehmen sind nach nationalem Recht dazu verpflichtet, einen handelsrechtlichen Jahresabschluss zu erstellen. Rechtsgrundlage der externen Rechnungslegung ist das Handelsgesetzbuch (HGB) und hier im Wesentlichen das dritte Buch über die Handelsbücher. Zusätzlich sind die internationalen Rechnungslegungsnormen IFRS (International Financial Reporting Standards) für alle Unternehmen in Deutschland relevant, deren Wertpapiere an einer Börse notiert sind bzw. sich im Zulassungsprozess zu einer Börse befinden. Diese Unternehmen müssen ihre Konzernabschlüsse nach den internationalen Rechnungslegungsnormen aufstellen.

Die Betriebsbuchhaltung ist Basis des internen Rechnungswesens. Sie wird auch als Kosten- und Leistungsrechnung bezeichnet.

❯ Auf den Punkt gebracht: Das interne Rechnungswesen schafft Entscheidungsgrundlagen für die Führungskräfte im Unternehmen. Das externe Rechnungswesen hat außerhalb des Unternehmens stehende Adressaten und soll diese über die Lage des Unternehmens informieren. Das externe Rechnungswesen basiert daher auf gesetzlichen und anderen externen Regeln.

Die Trennung zwischen externer und interner Rechnungslegung findet seine Begründung im Wesentlichen in unterschiedlichen Beziehungen zwischen Ersteller der Rechnung und dem Adressaten (Ewert und Wagenhofer 2014, S. 4). Im externen Rechnungswesen ist das Unternehmen der Ersteller der Rechenwerke. Die Adressaten sind unterschiedliche Personenkreise, die regelmäßig über deutlich geringere Informationen verfügen als die Ersteller. Um die schlechter informierte Seite zu schützen, hat der Gesetzgeber Regeln erlassen, wie das externe Rechnungswesen zu gestalten ist. Außerdem ist das externe Rechnungswesen Basis für die Festlegung der Steuerlast. Durch die unterschiedlichen Zwecke der Rechnungslegung kann es zu Zielkonflikten kommen, die ein Einsatz des externen Rechnungswesens zu Zwecken des Controllings erschwert, wenn nicht sogar ausschließt. Dies ist beim internen Rechnungswesen anders. Ersteller und Adressat sind identisch. Es gibt keine gesetzlichen Anforderungen, so dass die Unternehmensleitung in der Gestaltung der Rechenwerke frei ist. Zielkonflikte kann es hier zwar auch geben, allerdings sind diese innerhalb der Unternehmensorganisation verortet z. B. beim Konflikt zwischen verschiedenen Unternehmensabteilungen.

Aufgabe des internen Rechnungswesens ist die Unterstützung von Entscheidungen innerhalb des Unternehmens. Gute Entscheidungen bedürfen einer guten Vorbereitung und einer möglichst breiten und nützlichen Informationsgrundlage. Insofern erstellt das interne Rechnungswesen Entscheidungshilfen. Mit Hilfe von Rechenmodellen sollen möglichst zielführende Entscheidungen getroffen werden. Entscheidungen sind Wahlhandlungen, d. h. es gibt mindestens zwei Alternativen, aus denen der Entscheidungsträger auswählen kann. Mit Hilfe des internen Rechnungswesens soll eine Hilfe erstellt werden, welche der zur Wahl stehenden Handlungen für das Unternehmen die beste ist.

Kosten und Leistungen sind zu unterscheiden von **Aufwendungen und Erträgen**. Das zuerst genannte Begriffspaar entstammt dem internen und das zweite dem externen Rechnungswesen. Beide Größen entstammen grundsätzlich der gleichen Quelle, nämlich der Buchhaltung. Die Abgrenzung ist in ◼ Abb. 2.1 dargestellt.

Grundkosten und Zweckaufwand sind deckungsgleich. Sind die Aufwendungen größer als die Kosten so spricht man von neutralem Aufwand. Diese Aufwendungen werden im externen Rechnungswesen berücksichtigt, in der Kosten- und Leistungsrechnung aber nicht angesetzt. Neutrale Aufwendungen können (vgl. Schweitzer et al. 2016, S. 41 f.) sachzielfremd sein, d. h. sie haben keinen Bezug zum hauptsächlichen Leistungsziel des Unternehmens wie Aufwendungen für den Betriebssport oder Spenden. Periodenfremde Aufwendungen, z. B. Nachzahlungen für Mietnebenkosten, gehören in bereits abgeschlossene Rechnungsperioden und würden daher das Bild in der Kostenrechnung verfälschen. Außerordentliche Aufwendungen haben keinen Bezug zur normalen Geschäftstätigkeit, z. B. die Überschwemmung einer Produktionsanlage. Daneben gibt es bewertungsbedingten neutralen Aufwand. Dieser entsteht z. B. durch abweichende rechtlich verpflichtende Regeln für das externe Rechnungswesen. So müssen Abschreibungen im externen Rechnungswesen von den historischen An-

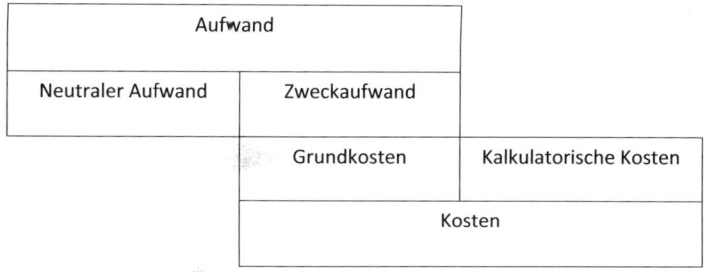

◘ Abb. 2.1 Abgrenzung von Aufwand und Kosten. (Eigene Darstellung in Anlehnung an Schweitzer et al. 2016, S. 41)

schaffungskosten gerechnet werden. Im internen Rechnungswesen kann es hingegen sinnvoll sein, Preissteigerungen bei den Abschreibungen zu berücksichtigen und die Wiederbeschaffungskosten als Ausgangspunkt für die Bemessung von Abschreibungen zu verwenden.

Sind die Kosten höher als die Aufwendungen so spricht man von kalkulatorischen Kosten. Hierbei unterscheidet man Zusatzkosten, die es der Sache nach nur in der Kostenrechnung gibt und Andersaufwand, die es sowohl im externen wie im internen Rechnungswesen gibt, die sich jedoch nach ihrer Höhe unterscheiden. Zusatzkosten sind der kalkulatorische Unternehmerlohn (für mitarbeitende Inhaber von Personengesellschaften bzw. deren Familienangehörige), kalkulatorische Mieten (für im Eigentum befindliche Gebäude, die selbst genutzt werden) und kalkulatorische Zinsen auf das dem Unternehmen von den Eigentümern zur Verfügung gestellte Eigenkapital. Grundgedanke aller Zusatzkosten ist der Gedanke der **Opportunitätskosten**. Würde der Unternehmer nicht in seinem eigenen Unternehmen arbeiten, so könnte er als Angestellter ein Gehalt beziehen. Die Räumlichkeiten könnten anderweitig vermietet werden, das Eigenkapital könnte anderswo mit Zinserträgen angelegt werden. Neben Kosten, die keine Entsprechung im externen Rechnungswesen haben, gibt es Kosten, die dort in anderer Höhe angeführt werden. Dies sind Anderskosten. Sie sind das Gegenstück zu den bewertungsbedingten neutralen Aufwendungen. Sie ergeben sich aus Standards, die für das externe Rechnungswesen vorgegeben sind, sich aber als nicht zweckmäßig für das interne Rechnungswesen erweisen.

Zwischen internem und externem Rechnungswesen gibt es eine Vielzahl von Verbindungen und Rückwirkungen untereinander. Insbesondere die internationalen Rechnungslegungsnormen IFRS fördern eine Harmonisierung beider Welten des Rechnungswesens. Die Adressaten des externen Rechnungswesens sollen einen Einblick in das Unternehmen „through the management eyes" erhalten. Diese Herangehensweise wird als **management approach** bezeichnet. Die Unternehmen sollen Informationen entweder direkt aus dem internen Rechnungswesen übernehmen oder daraus abgeleitet werden. Idee dieser Herangehensweise ist es, ein Berichtssystem zu installieren, das allen Adressaten passgenaue Informationen unabhängig von den Rechnungslegungsnormen zur Verfügung stellt. Passgenau sind Informationen dann, wenn sie entscheidungsunterstützend wirken. Das Unternehmensmanagement möchte Entscheidungen so treffen, dass sie auf die Unternehmensziele einzahlen. Durch diese Vorgabe können aber sehr wohl Zielkonflikte, die bisher nicht Bestandteil des internen Rechnungswesens waren, in diese Welt Einzug halten, da letztlich alle Informationen irgendwann zur Veröffentlichung bestimmt sind. Damit geben die Standards die Richtung der Vereinheitlichung eigentlich vor: Das externe Rechnungswesen soll sich dem internen Rechnungswesen annähern und dessen Prinzipien übernehmen. In der Praxis ist die Richtung der Vereinheitlichung häufig entgegengesetzt. Die Vorschriften der externen Rechnungslegung werden auch im internen Rechnungswesen verwandt (Trapp 2012, S. 254 ff.). Grund dafür ist, dass Ergebnisse zur Veröffentlichung geplant und antizipiert werden können.

2.2 Grundlagen der Kosten- und Leistungsrechnung

2.2.1 Vollkostenrechnung

Die Kosten- und Leistungsrechnung gliedert sich in der Variante der Vollkostenrechnung in die folgenden drei Teilebereiche:

- **Kostenartenrechnung:** Sie beantwortet die Frage danach, welche Kostenarten angefallen sind, also z. B. ob es sich bei Kosten um Personal- oder Materialkosten gehandelt hat.
- **Kostenstellenrechnung:** Sie gliedert die Kosten nach dem Ort ihrer Entstehung. Eine Kostenstelle ist eine organisatorische Einheit, der Kosten zugeordnet werden können. Häufig entspricht die Kostenstellengliederung eines Unternehmens der Organisationsstruktur, wie sie sich auch im Organigramm zeigt. Nach Einführung einer Kostenstellenrechnung kann man die Frage beantworten, wie viele Personalkosten in der Personalabteilung angefallen sind. In der Kostenstellenrechnung unterscheidet man zwischen Haupt- und Hilfskostenstellen. Hauptkostenstellen werden direkt auf die Kostenträger (Produkte oder Zeiteinheiten) verrechnet, während Hilfskostenstellen zunächst auf Hauptkostenstellen verteilt werden und damit nur mittelbar auf Kostenträger verrechnet werden. Hauptkostenstellen sind daher Abteilungen, die einem Kostenträger direkt zurechenbar sind wie der produktspezifische Vertrieb. Hilfskostenstellen sind demgegenüber für mehrere Kostenträger tätig.
- **Kostenträgerrechnung:** In diesem Teil der Kosten- und Leistungsrechnung werden die Kosten Kalkulationsobjekten zugeordnet. Kalkulationsobjekte können zum einen Produkte sein (**Kostenträgerstückrechnung**). Damit wird

die Frage beantwortet, welche Kosten für die Herstellung des Produktes XY angefallen sind. Zum anderen können Zeiteinheiten Kalkulationsobjekte sein (**Kostenträgerzeitrechnung**). Dann wird die Frage beantwortet, welche Kosten in einer Zeiteinheit, z. B. einer Stunde, angefallen sind. Hauptproblem bei der Kostenträgerrechnung ist die Zurechnung der Kosten zu dem Kostenträger. Bei **Gemeinkosten**, die nicht direkt einem Kostenträger zuordenbar sind, ist dies problematisch und Gegenstand vieler Diskussionen in Unternehmen, bei denen Controller ihre Umlageschlüssel erklären und verteidigen müssen. So können die Kosten des Lagers in einem Mehrproduktunternehmen nicht eindeutig einem einzelnen Produkt als Kostenträger zugerechnet werden. Es werden Zurechnungsprinzipien (vgl. Dierkes und Kloock 2002) benötigt. Ein mögliches Prinzip, was hier Anwendung finden könnte, ist das **Beanspruchungsprinzip**. Danach werden die Kosten so verrechnet, wie der Kostenträger die abgebende Kostenstelle beansprucht hat. Für das Lager könnte das beispielsweise die beanspruchte Fläche sein. Das einfachere **Durchschnittskostenprinzip** verrechnet die jeweiligen Kosten mit gleichen Kostensätzen auf die Kostenträger. Dadurch werden höherwertige Produkte gefördert, da sie in gleichem Maße von den Gemeinkosten belastet werden, wie höherwertige Produkte. Das Tragfähigkeitsprinzip basiert dagegen auf dem Prinzip, dass diejenigen Kostenträger die meisten Gemeinkosten übernehmen sollten, die die höchsten Erlöse erzielen. Keine dieser Prinzipien ist richtig oder falsch. Korrekt wäre lediglich das Verursachungsprinzip, das aber definitionsgemäß auf Gemeinkosten nicht anwendbar ist – wenn die Verursachung beim Kostenträger liegen würde, so wären es **Einzelkosten**, die direkt einem Kostenträger zurechenbar sind (beispielsweise die verwendeten Materialien). Etwas weniger streng ist das Veranlassungsprinzip. Dies besagt, dass derjenige Kostenträger die Kosten tragen sollte, ohne den die Kosten nicht angefallen wären. Auch dies ist aber für Gemeinkosten nur schwer oder gar nicht anwendbar. Da es bei den Zurechnungsprinzipien kein richtig oder falsch gibt, sollte immer beachtet werden, welche verhaltenssteuernden Wirkungen von der Wahl eines Prinzips ausgehen. Mal werden hochwertige Produkte (Durchschnittsprinzip) gefördert, mal erfolgreiche (Durchschnittsprinzip) und mal weniger erfolgreiche (Tragfähigkeitsprinzip).

Die Kosten- und Leistungsrechnung wird insbesondere zur Bestimmung von Preisen und zur Ermittlung des Betriebserfolgs angewendet, zur betrieblichen Planung oder zu Sonderzwecken wie der Bestimmung von Basisgrößen für Investitionsrechnungen oder für die Bestimmung von Versicherungswerten. Beziehungen zu den Controllingfunktionen bestehen insbesondere in der Informationsfunktion und der Kontrollfunktion.

Die Kosten- und Leistungsrechnung bedient sich dabei verschiedener Kostenkategorien. **Istkosten** bezeichnen die tatsächlich angefallenen Kosten, die für die Vergangenheit ermittelt werden. Istkosten sind wichtig für die vergangenheitsorientierte Feststellung des Erfolgs eines Kostenträgers. Sie sind aber weniger relevant für unternehmerische Entscheidungen, da deren Folgewirkungen erst in der Zukunft eintreten. Außerdem fehlt der Maßstab, ob der Erfolg hoch oder niedrig war. Dies lässt sich durch die Einführung von **Normalkosten** verändern. Normalkosten gehen von einer normalen Beschäftigungshöhe und normalen Verbräuchen der Inputfaktoren aus. In der Praxis werden sie häufig gewonnen durch die Durchschnittskosten der Vergangenheit, wobei diese um außergewöhnliche Ereignisse geglättet werden. Bei **Plankosten** wird die rein mathematische Betrachtung, wie sie bei Normalkosten vorgenommen wird, um systematische Erwägungen ergänzt. So werden beispielsweise die Kosten eines Betriebs auf Basis der Kosten der Vorperiode extrapoliert und ergänzt um erwartete Entwicklungen. So werden Neueinstellungen, Pensionierungen, Gehaltserhöhungen, Tarifentwicklungen in die Rechnung mit einbezogen. Die so gewonnenen Plankosten können dann tatsächlich als Maßstab für die Istkosten herangezogen werden. Typischerweise fungieren Plankosten auch als Vorgaben für die Verantwortlichen der Kostenstellen.

2.2.2 Teilkostenrechnung

Die Vollkostenrechnung führt nicht immer zu nachvollziehbaren Ergebnissen. Dies sei an einem Beispiel erläutert: Man stelle sich ein Kino mit 200 Plätzen vor. Die Vollkosten einer Vorstellung belaufen sich auf 1000 €. Verkauft das Kino die Plätze zu 5 € wären diese Selbstkosten gerade gedeckt. Zur Vorstellung kommen aber nur 100 Zuschauer, die Selbstkosten pro Platz erhöhen sich auf 10 €. Würde man den Preis auf dieser Berechnung basieren lassen und um einen Gewinnaufschlag erhöhen und beispielsweise 12 € verlangen würde man sich möglicherweise aus dem Markt herauskalkulieren, da der Preis nicht mehr konkurrenzfähig mit Preisen von Anbietern der Umgebung ist. Kommt nur noch ein Zuschauer lägen die Selbstkosten pro Zuschauer bei 1000 €. Dieses Ergebnis ist offensichtlich nicht geeignet, um als Grundlage für Preisentscheidungen zu dienen.

Die Vollkostenrechnung verrechnet alle Kosten, die **fixen und die variablen Kosten**. Als fixe Kosten werden diejenigen bezeichnet, die von der tatsächlichen Beschäftigung unabhängig sind. Bei der Kinovorstellung sind dies die Saalmiete, die Lizenzkosten für den Film, das Personal etc. All diese Kosten fallen unabhängig von der Zahl der Zuschauer an. Dies kann wie oben gezeigt zu falschen Entscheidungen führen, z. B. wenn man die Preise auf den Selbstkosten pro Zuschauer festlegen würde. Auch wenn langfristig alle Kosten – unabhängig davon, ob sie fix oder variabel sind – gedeckt sein müssen, kann es kurzfristig zu Fehlentscheidungen durch Vollkostenrechnung kommen. Die Probleme entstehen meist dadurch, dass die Gemeinkosten in der

Vollkostenrechnung auf Kostenträger geschlüsselt werden. Dadurch kann fälschlich der Eindruck entstehen, dass es sich bei Gemeinkosten um variable Kosten handelt. Die Teilkostenrechnung arbeitet dahingegen nur mit den variablen Kosten. Dazu muss zunächst entschieden werden, bei welchen Kosten es sich um variable und bei welchen, es sich um fixe Kosten handelt (**Kostenauflösung, Kostenspaltung**). Hierzu gibt es verschiedene Verfahren:

- Bei der buchtechnischen Methode wird durch Beobachtung des Kostenverhaltens festgestellt, ob es sich um fixe oder variable Kosten handelt. Außerdem ändert sich der Charakter der Kosten je nach betrachtetem Zeitraum. Langfristig sind alle Kosten variabel. Personalkosten werden variabel, wenn die betrachteten Zeiträume länger als die Kündigungsfristen sind. Gleiches gilt für Mietverträge.
- Häufig bestehen Kostenarten allerdings sowohl aus fixen als auch aus variablen Anteilen. Diese können mit Hilfe des Minimax-Verfahrens ermittelt werden. Dieses nimmt eine lineare Kostenfunktion an. Diese hat folgende Gestalt:

$$K(x) = k_v \cdot x - K_{fix}$$

Die fixen Kosten sind von der Beschäftigungshöhe unabhängig. Die Kostensteigerung von dem einen zum anderen Beschäftigungsniveau muss also vollständig auf die variablen Kosten zurückzuführen sein, die als proportional angenommen werden.

Beispiel: Anwendung des Minimax-Verfahrens in einem Produktionsunternehmen

Ein Produktionsunternehmen hat die folgenden Beschäftigungshöhen und Gesamtkosten für seine Produktion:

Gesamtkosten bei unterschiedlichen produzierten Stückzahlen

Monat	Produzierte Stückzahl	Gesamtkosten
April	400	50.000
Mai	600	70.000

Um die variablen Anteile an den Produktionskosten zu bestimmen, wird die Kostendifferenz von 20.000 € bei einer erhöhten Stückzahl von 200 betrachtet. Diese Betrachtung ergibt pro Stück variable Kosten von 100 €. Für die 400 im April produzierten Stück betragen die gesamten variablen Kosten also 40.000 € und die fixen Kosten 10.000 €. Im Mai liegen die gesamten variablen Kosten bei 60.000 € und die fixen Kosten natürlich ebenfalls bei 10.000 €. Dies lässt sich durch die folgende Kostenfunktion ausdrücken:

$$K(x) = 100 \cdot x + 10.000$$

▬ Häufig verhalten sich die Kosten aber nicht linear. Sie können sich degressiv (d. h. überproportional fallend mit steigender Produktionsmenge) oder progressiv (d. h. überproportional steigend mit steigender Produktionsmenge) entwickeln. Zumeist verändert sich aber die Struktur des Kostenverlaufs mehrfach über die Produktionsmengen. Um die Spaltung zwischen fixen und variablen Kosten bestimmen zu können, reichen zwei Datenpunkte nicht mehr aus. Aus möglichst vielen Datenpunkten muss mit Hilfe der Regressionsanalyse eine Kostenfunktion ermittelt werden (vgl. Britzelmaier 2013, S. 112 ff.).

Mit der Identifikation von fixen und variablen Kosten sind die Voraussetzungen geschaffen, um Entscheidungsgrundlagen so zu treffen, dass auch kurzfristig die richtigen Maßnahmen getroffen werden können. Die Ergebnisrechnung im System der Teilkostenrechnung funktioniert grundsätzlich in zwei Stufen:

1. Stufe: Umsatzerlöse − variable Kosten = Deckungsbeitrag
2. Stufe: Deckungsbeitrag − fixe Kosten = Gewinn oder Verlust

Es kann sinnvoll sein, Aufträge anzunehmen, die nur einen Deckungsbeitrag erbringen, insgesamt aber verlustträchtig sind. Der Grund liegt darin, dass ein positiver Deckungsbeitrag, einen Beitrag zur Deckung der fixen Kosten leistet und dadurch insgesamt der Verlust eines Unternehmens reduziert bzw. der Gewinn erhöht wird. In dem Ausgangsbeispiel hat der Kinobetreiber ausschließlich fixe Kosten. Unabhängig davon, ob ein Besucher im Kinosaal sitzt oder 200, seine Gesamtkosten sind gleich. Der Deckungsbeitrag jedes Besuchers liegt also bei dem vollen Eintrittspreis. Es ist offensichtlich, dass es falsch wäre, den ersten Besucher abzuweisen, weil in diesem Fall der Verlust durch die Vorführung noch sehr hoch ist (Annahme: der Eintrittspreis liege bei 8 €): Beim ersten Besucher liegt der Umsatz bei 8 €, die variablen Kosten bei 0. Folglich ist der Deckungsbeitrag 8 €. Die fixen Kosten liegen allerdings bei 1000 €, so dass nach dem ersten Besucher der Gesamtverlust bei 992 € liegt. Würde der erste Besucher abgewiesen, so wäre der Verlust allerdings immer noch bei 1000 €. Umgekehrt muss aber eine Auftragsannahme unterbleiben bzw. die Produktion unterbunden werden, wenn negative Deckungsbeiträge verursacht werden. Dies würde zu einer Erhöhung des Verlusts bzw. Minderung des Gewinns führen.

Die meisten Unternehmen haben mehr als einen Kostenträger und sind hierarchisch strukturiert. Dann greift die globale Behandlung aller fixen Kosten, wie sie in der obigen einstufigen Deckungsbeitragsrechnung vorgenommen wurde, zu kurz. Aufgrund dieser Erkenntnis wurde die mehrstufige Deckungsbeitragsrechnung entwickelt. Auch hier werden die variablen Kosten einem Kostenträger zugeordnet. Die variablen Kosten werden allerdings differenziert betrachtet, je nachdem auf welcher Ebene sie angefallen sind. Dies kann dann zu besseren Entscheidungsgrundlagen führen, wenn z. B. über die Schließung eines Produktionsbereichs entschieden wird.

Beispiel: Mehrstufige Deckungsbeitragsrechnung bei der Kitty Fitness GmbH

Das Unternehmen Kitty Fitness GmbH bietet Sportgeräte an. Unter der Unternehmenslei-tung gibt es zwei Bereiche. Bereich I befasst sich mit Rudergeräten. Bereich II befasst sich mit Laufbändern. Der Bereich Laufbänder teilt sich in zwei Abteilungen auf: Professionelle Laufbänder für Fitnessstudios und Laufbänder für die Anwendung in privaten Haushalten. In der Abteilung für Laufbänder in privaten Haushalten wird das Produkt „Couch Potato" hergestellt. Die mehrstufige Deckungsbeitragsrechnung für das Laufband „Couch Potato" hat die folgende Gestalt:

1. Stufe: Umsatzerlöse für das Laufband Couch Potato – variable Kosten des Produkts
= Deckungsbeitrag I
2. Stufe: Deckungsbeitrag I – Fixkosten für das Produkt Couch Potato = Deckungsbeitrag II
3. Stufe: Deckungsbeitrag II – Fixkosten der Abteilung für Laufbänder in privaten Haus-halten = Deckungsbeitrag III
4. Stufe: Deckungsbeitrag III – Fixkosten des Bereichs Laufbänder = Deckungsbeitrag IV
5. Stufe: Deckungsbeitrag IV – Fixkosten der Unternehmensleitung = Deckungsbeitrag V

Ab Stufe II werden die Ergebnisse der einzelnen Bereiche auf jeder Stufe zusammengefasst. Die Anzahl der Stufen in der mehrstufigen Deckungsbeitragsrechnung ist nicht vorgege-ben. Er ergibt sich nach der Organisationsstruktur des Unternehmens. Auf jeder Stufe erhält der Entscheidungsträger die Information, welcher Betrag für die Deckung der noch nicht verrechneten Fixkosten zur Verfügung steht bzw. zu Gewinn führen wird.

Die Kitty Fitness GmbH kann aus der mehrstufigen Deckungsbeitragsrechnung wertvolle Erkenntnisse ziehen. Haben die einzelnen Produkte der Abteilung für Laufbänder in pri-vaten Haushalten hohe Deckungsbeiträge II, die gesamte Abteilung aber nur einen nied-rigen Deckungsbeitrag III, so muss geklärt werden, ob die Fixkosten auf Abteilungsebene reduziert werden können. Ist dies auch langfristig nicht möglich, sollte eine Aufgabe der Abteilung in Betracht gezogen werden.

2.3 Kostenmanagement

Die Kostenrechnung befasst sich damit alle Kosten zu erfassen und sie möglichst verursachungsgerecht auf Kostenträger zu verteilen. Das Kostenmanagement geht darüber hinaus. Es sucht Maßnahmen zur Steuerung von Kosten. Die Kostenrech-nung ist Voraussetzung für ein gutes Kostenmanagement, da die Entscheidungsträger in Unternehmen wissen müssen, wo Kosten angefallen sind, um diese zu gestalten. Insofern wird im Kostenmanagement neben der Informationsfunktion auch die Steu-erungsfunktion des Controllings angesprochen.

2.3.1 Prozesskostenrechnung

In den 80er-Jahren des vergangenen Jahrhunderts hat der zunehmende Anteil von Dienstleistungen an der Wertschöpfung in Unternehmen zur Kritik an der traditionellen Kostenrechnung, die für industrielle Produktionsunternehmen entwickelt worden sind, geführt (Brühl 2016, S. 133 ff.). Im Zuge dieser Entwicklung wurden die Gemeinkosten und insbesondere die Personalkosten relativ an dem gesamten Kostenblock immer bedeutender. Um diese Probleme zu lösen, hat insbesondere die amerikanische Praxis die Prozesskostenrechnung, das Activity Based Costing, entwickelt. Sinn und Zweck der Kostenrechnung bleibt gleich: Es sollen Entscheidungsgrundlagen für unternehmerische Entscheidungen gewonnen werden. Allerdings soll die Kostenzurechnung durch eine nachvollziehbarere und letztlich genauere Schlüsselung verbessert werden.

In der traditionellen Kostenrechnung werden Kostenstellen verwendet, um Gemeinkosten über Hilfskostenstellen und Hauptkostenstellen auf Kostenträger also Produkte zu verrechnen. In der Prozesskostenrechnung treten Prozesse an die Stelle der Kostenstellen. Damit wird der Weg von undifferenzierten Umlageschlüsseln zur Kostenverteilung nach tatsächlicher Inanspruchnahme gegangen.

> ▶ **Auf den Punkt gebracht: Die Prozesskostenrechnung unterstützt eine verursachungsgerechtere Zurechnung der Gemeinkosten auf einzelne Kostenträger als die traditionelle Kostenrechnung.**

Eine wesentliche Weiterentwicklung der Prozesskostenrechnung besteht darin, dass auch Prozesse betrachtet werden, die über Kostenstellen hinweggehen (Horvath et al. 1993, S. 617). Ansonsten ist die Prozesskostenrechnung aber keine neue Entwicklung. Sie folgt in ihrem Aufbau der traditionellen Vollkostenrechnung mit ihrer Gliederung in Kostenarten-, Kostenstellen- und Kostenträgerrechnung.

Prozesse bezeichnen alle Tätigkeiten im Unternehmen, die ein Ergebnis erbringen sollen. Typische Prozesse sind Produktentwicklung, Materialbeschaffung, Produktion, Qualitätssicherung und Vertrieb. Letztlich entsteht jede im Unternehmen erstellte Leistung durch Prozesse. Für den Ablauf eines Prozesses braucht es einen Input, der im Prozess selbst bearbeitet wird und dann zu einem Output, der Leistung führt. Basis der Überlegungen ist die Wertkette, die Michael Porter entwickelt hat (Porter 1985). Danach werden die Prozesse unterteilt in:

1. **Hauptprozesse,** die über mehrere Kostenstellen hinweg erbracht werden. Sie setzen sich aus
2. **Teilprozessen** zusammen, die jeweils in einer Kostenstelle vollzogen werden.

Voraussetzung für die sinnvolle Bildung von Prozessen ist, dass die erbrachten Leistungen gleichförmig sind und sich häufig wiederholen. Sind die Prozesse gleichartig, so können die Kosten aggregiert werden.

◘ Abb. 2.2 Strukturierung von Prozessen in der Prozesskostenrechnung

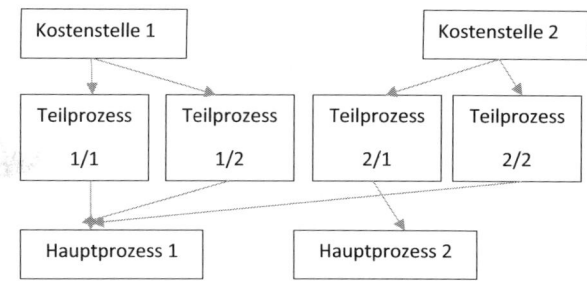

In ◘ Abb. 2.2 ist ein Betrieb mit zwei Kostenstellen, die jeweils zwei Teilprozesse anbieten, dargestellt. Kostenstellenübergreifend werden daraus zwei Hauptprozesse zusammengestellt. Der eine speist sich aus beiden Teilprozessen, die Kostenstelle 1 erbringt, und zusätzlich dem Teilprozess 2/2, der von Kostenstelle 2 erbracht wird. Der zweite Hauptprozess entspricht dem Teilprozess 2/1.

Prozesse werden danach differenziert, ob sie **leistungsmengeninduziert** (lmi) oder **leistungsmengenneutral** (lmn) sind. Bei lmi-Prozessen hängen die Prozesskosten von der Zahl der Durchführung ab. Meistens besteht bei ihnen nur geringer Entscheidungsspielraum bei den Kosten, da die benötigten Mengen beispielsweise durch Rezepturen vorgegeben sind. Die Kosten der lmn-Prozesse sind unabhängig vom Leistungsvolumen. Sie werden auch als Struktur- oder Bereitschaftskosten bezeichnet. In der Beschaffungsabteilung ist z. B. der Prozess „Abteilung leiten" leistungsmengenneutral. Währenddessen ist der Prozess „Auswahl von Lieferanten" leistungsmengeninduziert. Durch ihn entstehen höhere Kosten immer dann, wenn mehr Lieferanten ausgewählt werden müssen.

Um die Kosten charakterisieren und damit analysieren zu können, werden zu den Prozessen die Bezugsgrößen ermittelt, die die Höhe der Kosten beeinflussen. Sie werden als **cost driver** bezeichnet. In der Beschaffungsabteilung können cost driver z. B. die Zahl der Belieferungen, deren Volumen oder Gewicht sein.

Zum Prozesskostensatz kommt man, in dem man die Kosten eines Prozesses durch die erbrachte Menge teilt. Liegen die Gesamtkosten des Prozesses „Beschaffung von Verbrauchsmaterialien" bei 1000 € und wurde die Zahl der Belieferungen als cost driver festgelegt, so ergibt sich bei 2000 Belieferungen ein Prozesskostensatz von 0,50 €. Die Formel für die Berechnung lautet:

$$\text{Prozesskostensatz} = \frac{\text{Prozesskosten}}{\text{Prozessmenge}}$$

Dieser Prozesskostensatz wird dann als Grundlage für die Verrechnung des Prozesses auf die Kostenträger verwendet. Durch dieses Vorgehen können die leistungsmengeninduzierten Prozesse verursachungsgerecht verteilt werden. Damit gibt es auch eine Möglichkeit für die Entscheidungsträger, ihre Kostenbelastung zu steuern. Bündelt man beispielsweise die Beschaffungsvorgänge können die gesamten Kosten dieses Prozesses reduziert werden. Für die Abnehmer des Teilprozesses „Beschaffung von Verbrauchsmaterialien" wird durch die Zurechnung der Kosten, die Belastung offensichtlich, was den Anreiz, Maßnahmen zu ergreifen, erhöhen soll. Bei den leistungsmengenneutralen Prozessen ist dies nicht so offensichtlich. Sie sind im Charakter nicht wesentlich anders zu beurteilen als Fixkosten. Allerdings werden durch die Prozesskostenrechnung die verfügbaren Daten für Kalkulationen z. B. bei Preisentscheidungen genauer.

Ein Vorteil der Prozesskostenrechnung tritt schon während der Implementierung auf. Durch die Beschäftigung mit den Prozessen im Unternehmen und deren Analyse können Ineffizienzen erkannt werden. Die ermittelten Prozesskostensätze können herangezogen werden, um über Rationalisierungen bis hin zu Outsourcing nachzudenken, z. B. wenn durch die Prozesskostensätze klar wird, dass eine Leistung sehr viel kostengünstiger über den externen Markt bezogen werden könnte. Dabei müssen natürlich neben der reinen Kostenbetrachtung noch andere Aspekte berücksichtigt werden wie Qualität, unterschiedliche beinhaltete Dienstleistungen etc. Diese Beobachtung wird auch in empirischen Untersuchungen zum Erfolg der Einführung von Prozesskostenrechnungssystemen gemacht. Ein direkter Zusammenhang zwischen Unternehmenserfolg und Prozesskostenrechnung ist nicht signifikant feststellbar (dies liegt auch in methodischen Problemen begründet, da es schwierig ist, die Auswirkungen einzelner Faktoren auf den Unternehmenserfolg zu isolieren). Allerdings wurde ein Zusammenhang zwischen Variablen wie Produktqualität, Durchlaufzeiten oder Kostenstruktur und dem Vorhandensein einer Prozesskostenrechnung festgestellt (Maiga und Jacobs 2008).

Beispiel: Prozesskostenrechnung bei der Kitty Fitness GmbH

Das Unternehmen Kitty Fitness GmbH versendet seine Sportgeräte von einem zentralen Lager aus. In diesem Lager werden die folgenden drei Prozesse durchgeführt:

1. Abteilung leiten
2. Einlagerungen vornehmen
3. Pakete versenden

Die Prozesse 2 und 3 sind leistungsmengeninduziert, während Prozess 1 unabhängig ist von der tatsächlich versandten und eingelagerten Menge. Bei der erstmaligen Aufnahme der Prozesse wurden die vier Mitarbeiter der Abteilung gebeten die für die jeweiligen Prozesse verwendeten Zeitanteile aufzuschreiben. Diese verwendeten Kapazitäten dargestellt als Mannjahre werden daher als Schlüssel für die Zurechnung der Kosten auf die Prozesse verwendet. Es ergeben sich folgende Kosten für die Prozesse:

Prozesskosten für das Lager der Kitty Fitness GmbH

Prozess		Maßgröße	Schlüssel		Prozesskosten			Prozesskostensatz
			Menge	Mannjahre	Imi	Imn	Gesamt	
1	Abteilung leiten	–		1,0		90.000		
2	Einlagerungen vornehmen	Anzahl der Einlagerungen	500	1,0	60.000	30.000	90.000	180
3	Pakete versenden	Anzahl der Pakete	8000	2,0	120.000	60.000	180.000	22,50
Summe				4,0			180.000	

Das Vorgehen bei der Berechnung soll an einem Beispiel, dem Prozess 3 „Pakete versenden" erläutert werden. Zunächst werden die leistungsmengeninduzierten Gesamtkosten mit dem Schlüssel Mannjahre auf den Prozess verteilt. Der Prozess 3 verbraucht eine Kapazität von 2,0 Mannjahren. Es ergibt sich:

$$K_{lmi} = 180.000 \cdot \frac{2,0}{3,0} = 120.000$$

Die Gesamtkapazität liegt für die leistungsmengeninduzierten Prozesse bei 3,0. Der Abteilungsleiter ist nicht mit einzubeziehen, da der Prozess „Abteilung leiten", dem seine Kapazität zuzurechnen ist leistungsmengenneutral ist. Die leistungsmengenneutralen Kosten werden im zweiten Schritt ebenfalls mit dem Schlüssel Mannjahre auf den Prozess 3 verrechnet:

$$K_{lmn} = 90.000 \cdot \frac{2,0}{3,0} = 60.000$$

Im dritten Schritt wird der Prozesskostensatz ermittelt. Dazu müssen zunächst die Gesamtkosten als Summe aus leistungsmengeninduzierten und leistungsmengenneutralen Kosten gebildet werden. Diese liegen bei 180.000 €. Der Prozesskostensatz ergibt sich als Division dieser Gesamtkosten durch die Gesamtanzahl der versendeten Pakete:

$$k_P = \frac{180.000}{8000} = 22,50$$

Es ergibt sich der Prozesskostensatz von 22,50. Für jedes versendete Paket werden den Kostenträgern somit 22,50 € zugerechnet. Damit können die Verantwortlichen für die Kostenträger jetzt planen. Auch der Leiter des Lagers kann jetzt mit seinen Kosten planen. Eine Kostenverschlechterung geht zu seinen Lasten (es sei denn die gemeldeten Mengen kommen nicht zustande). Eine Kostenverbesserung hat er ebenfalls zu vertreten.

2.3.2   Target Costing

Das Target Costing (Zielkostenrechnung) ist strenggenommen kein eigenständiges Kostenrechnungssystem. Es bedient sich bei der Berechnung anderer Kostenrechnungssysteme. Prinzipiell wird beim Target Costing das übliche Verfahren der Kostenrechnung umgedreht. Es wird zunächst ein auf dem Markt **realisierbarer Marktpreis** bestimmt, von dem ein geplanter Gewinn abgezogen wird. So werden die maximal möglichen Kosten (**allowable costs**) ermittelt. Diese werden dann verglichen mit tatsächlichen aktuellen Selbstkosten des Unternehmens (**drifting costs**). Diese drifting costs werden mit den allowable costs verglichen. Im Regelfall werden die drifting costs höher sein als die allowable costs. Um zu dem vorher festgelegten Zielpreis gelangen zu können, müssen also die Kosten gesenkt werden. Die zu erreichende maximale Kostenhöhe wird **target costs** genannt. Im nächsten Schritt werden die target costs auf die einzelnen Produktkomponenten aufgespalten. Aus diesen komponentenweise festgelegten Zielkosten ergibt sich der Bedarf an Maßnahmen, die eingeleitet werden müssen, um am Markt realisierbaren Preis erreichen zu können. Das Schema illustriert ◘ Abb. 2.3.

Das Target Costing zeichnet sich durch eine konsequente Marktorientierung aus. Die Frage der traditionellen Kostenrechnung „Was kostet ein Produkt?" wird verändert in „Was darf ein Produkt kosten?". Ausgangspunkt aller Überlegungen ist damit der Nutzen, den ein Kunde dem Produkt und seinen Eigenschaften zumisst und wie viel er für die einzelnen Komponenten bereit ist zu zahlen. Hier setzt das Problem dieses intuitiv so bestechenden Verfahrens ein. Die Ermittlung der notwendigen Daten ist teilweise problematisch.

> ❯❯ **Auf den Punkt gebracht: Das Target Costing dreht die traditionelle Sichtweise der Kostenrechnung: Es wird die Frage gestellt, was ein Produkt kosten darf und nicht, was es kostet. Damit bekommt die Kostenrechnung eine Marktorientierung und unterstützt die Verkaufschancen von Neuentwicklungen.**

Der Marktpreis kann aus Marktforschungsdaten bzw. aus Erfahrungen mit ähnlichen Produkten gewonnen werden. Allerdings wird sich der Absatzpreis des Produkts über seinen Lebenszyklus ändern. Handelt es sich um ein vollständig neues Produkt fehlen zumeist die Daten, so dass die Methode eher für Produktvarianten angewendet werden kann. Schwierig ist auch die Festlegung des Zielgewinns. Zumeist wird als Maßstab die Umsatzrendite herangezogen. Diese ist definiert als:

$$\text{Umsatzrendite} = \frac{\text{Gewinn}}{\text{Umsatz}}$$

Die Kosten sind noch nicht bekannt. Der Umsatz soll so festgelegt werden, dass ein ausreichender Gewinn gemacht wird. Da die einzelnen Komponenten direkt mitei-

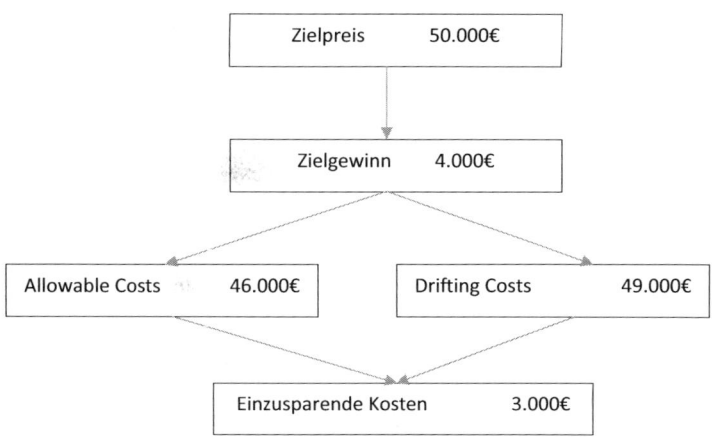

□ Abb. 2.3 Schematisches Vorgehen beim Target Costing. (Eigene Darstellung in Anlehnung an Reichmann et al. 2017, S. 210)

nander zusammenhängen (Gewinn ist definiert als Umsatz abzüglich der Kosten), kann man nur mit heuristischen Methoden Lösungen erhalten (Ewert und Wagenhofer 2014, S. 272 f.).

Über das so dargestellte Verfahren ergeben sich die Kosten, die maximal entlang der Wertschöpfungskette des Produkts entstehen dürfen. Das Verfahren eignet sich daher zum Kostenmanagement, d. h. es gibt Erkenntnisse über die Notwendigkeit von Kostensenkungen in bestimmten Bereichen, z. B. für die Herstellung einzelner Komponenten, die in das Produkt einfließen. Ebenso wichtig sind aber auch die Erkenntnisse von der Nutzerseite. Es ist bedeutend für den Hersteller zu sehen, für welche Eigenschaften eines Produkts der Kunde bereit ist, welche Beträge zu bezahlen. Dies verhindert ein over engineering eines Produkts, also technisch sehr ausgefallene Entwicklungen für die der Kunde aber nicht bereit ist, etwas zu bezahlen. Sollten die Kunden nicht bereit sein, die Kosten einer bestimmten Produktkomponente zu tragen, so kann die Entscheidung getroffen werden, auf die Produktion dieser Komponente zu verzichten.

Das Verfahren des Target Costing stammt aus Japan und hat sich dort insbesondere während der Krise der 90er-Jahre in den Unternehmen durchgesetzt. In dieser Zeit gewann der Yen gegen den Dollar rapide an Wert, was zu stark reduzierter Profitabilität der japanischen Wirtschaft geführt hat (Feil et al. 2004). In Japan wird das Instrument des Target Costing verbunden mit dem Konzept des **kaizens**, der ständigen Verbesserung. Das Target Costing greift bei der Produkteinführung ein und unterstützt die Entscheidung, ein Produkt zu entwickeln oder auf die Entwicklung vollständig zu verzichten. Kaizen sucht ständig nach Verbesserungsmöglichkeiten und weitergehenden Chancen, die Kosten der Produktion zu senken. Die Erkenntnisse aus dem Target Costing können dabei genutzt werden, um Anknüpfungspunkte für den Verbesserungsprozess zu erhalten (vgl. Horavth und Lamla 1996). Empirische Untersuchungen zeigen, dass 60 % der Unternehmen, die einen Target Costing Prozess eingeführt haben, anschließend die Zielkosten zu mindestens 90 % erreichen. Bei der Durchführungspraxis zeigen sich jedoch erhebliche Unterschiede zwischen deutschen und japanischen Unternehmen. Bei japanischen Unternehmen sind produktionsorientierte Abteilungen wie Design, Produktentwicklung etc. sehr stark beteiligt, während bei deutschen Unternehmen das Controlling stark die Prozesse treibt (vgl. Horvath und Tani 1997).

2.4   Externes Rechnungswesen und Controlling

Die Generalnorm des § 264 Abs. 2 Satz 1 HGB beschreibt die Zielsetzung des Jahres-abschlusses, des Endprodukts des externen Rechnungswesens:

„Der Jahresabschluss der Kapitalgesellschaft hat unter Beachtung der Grundsätze ord-nungsmäßiger Buchführung ein den tatsächlichen Verhältnissen entsprechendes Bild der Vermögens-, Finanz und Ertragslage zu vermitteln."

Die Generalnorm des Handelsrechts beschreibt den Zweck der Rechnungslegung. Das den tatsächlichen Verhältnissen entsprechende Bild ist notwendig, um die Stakeholder bei Entscheidungen zu unterstützen. So ist es für Kunden wichtig, dass die Existenz des Unternehmens auch mittelfristig gesichert ist, um z. B. Garantieansprüche, Updates oder Serviceleistungen auch künftig sicherzustellen. Kreditnehmer und Investoren haben ein Interesse an der finanziellen Stabilität, damit sie wissen, dass ihr finanzielles Engagement sicher ist. Um dies sicherzustellen, ist es notwendig, Manipulationen zu verhindern (Laux 1995, S. 419). Diesem Zweck dient auch die Festlegung auf solche Sachverhalte, die erheblich sind für Entscheidungszwecke von Stakeholdern. Aus die-sem Grund müssen die Zahlen auch zwischen Unternehmen vergleichbar sein, gleiche Sachverhalte müssen in gleicher Höhe und gleicher Position ihren Niederschlag in je-dem Jahresabschluss finden. Nur so kann ein Investor aus verschiedenen Alternativen die für ihn passende Investitionsmöglichkeit herausfinden.

Nicht alle spezifischen Geschäftsvorfälle können gesetzlich geregelt werden, es ergeben sich immer Interpretationsspielräume. Diese nutzen verantwortungsvolle Unternehmensleiter, um ihr Unternehmen besser darzustellen und bei Stakeholdern ihre Ziele zu erreichen (**Bilanzpolitik**). Es fragt sich also ob das externe Rechnungs-wesen für die Zwecke des Controllings und damit für die Unternehmensleitung eine Bedeutung hat oder diese durch die normbedingten Zwänge der Ausgestaltung keine entscheidungsnützliche Informationsbasis darstellen.

Hinsichtlich des Jahresabschlusses nimmt die Unternehmensleitung eine besondere Stellung ein. Sie ist zum einen die Quelle von Informationen, die in den Jahresabschluss eingehen. Die Entscheidung über die Ausübung von bilanzpolitischen Maßnahmen ist der Unternehmensleitung vorbehalten, ebenso wie die bilanzielle Sachverhaltsgestaltung im Hinblick auf die Darstellung der Vermögens-, Finanz- und Ertragslage des Unternehmens. Des Weiteren gehen Erwartungen und Planungen der Unternehmensleitung in den Jahresabschluss z. B. bei der Schätzung von Rückstellungen ein. Diese Schätzungen werden zumeist vom Controlling vorbereitet. Daneben ist die Unternehmensleitung aber auch der nach außen in Erscheinung tretende Urheber des Jahresabschlusses, der diesen gegenüber den Anteilseignern und anderen Interessenten vertritt. Daneben ist die Unternehmensleitung auch noch Benutzer der Informationen, die der Jahresabschluss enthält. So können unternehmerische Entscheidungen dadurch beeinflusst wie sie sich auf den Jahresabschluss auswirken (Eisenführ 1966, S. 33). Diese Beziehung muss das Controlling in seinen Entscheidungsvorlagen berücksichtigen.

Die Rolle des Jahresabschlusses als Informationsinstrument der Unternehmensleitung hat sich in der Anschauung der betriebswirtschaftlichen Literatur allerdings sehr stark verändert. Schmalenbach, der erste Professor für Betriebswirtschaftslehre an einer deutschen Universität, hielt die Bilanz noch für das wichtigste Instrument zur Betriebssteuerung (Schmalenbach 1962, S. 49 ff.). Aus der zwangsläufigen Unschärfe des Jahresabschlusses folgt aber, dass die Unternehmensleitung den Jahresabschluss nicht zur Grundlage ihrer Entscheidungen machen wird. Die Unternehmensleitung verfügt über wesentlich tiefere Informationen als diejenigen, die veröffentlicht werden und vom Controlling zur Verfügung gestellt werden.

Der Jahresabschluss hat dennoch bei der Entscheidungsfindung eine wichtige Bedeutung für die Unternehmensführung, auch wenn man in der Bilanz oder der GuV selbst keine direkt entscheidungsnützlichen Informationen findet. Der Jahresabschluss wird von externen Interessenten als Maßstab für die Leistungsfähigkeit des Unternehmens und der Qualität des Managements angesehen. Insofern wird der Jahresabschluss auch für die Unternehmensleitung Informationen enthalten, nämlich die Größen, an denen die externen Betrachter die Effizienz messen wollen. Diese Daten werden, wenn auch mit unterschiedlicher Gewichtung, je nachdem, welchen Einfluss die Außenstehenden auf die Stellung der Manager ausüben können, in die Entscheidung eingehen. Das Controlling sollte diese Faktoren bei ihren Entscheidungsvorlagen berücksichtigen.

Abschließend muss man feststellen, dass der Jahresabschluss keine ausreichende Informationsbasis zur Fundierung von unternehmerischen Entscheidungen darstellt und damit keinesfalls alleinige Informationsbasis für das Controlling sein kann. Dies ist nur mit Hilfe des internen Rechnungswesens möglich, dass auf einer breiteren Informationsbasis gründet und damit Ergebnisse liefert, die nicht für externe Interessenten bestimmt sind.

Die Basis für das interne Rechnungswesen ergibt sich allerdings aus der Finanz-buchhaltung, da die Grundkosten dem Zweckaufwand entsprechen. Daher sind auch die Normen des externen Rechnungswesens in den Zahlen des Controllings enthalten. Das Controlling muss dies wissen und in der Aufbereitung von Informationen ent-sprechend berücksichtigen.

Auf der anderen Seite übernimmt das Controlling als Träger des internen Rech-nungswesens diverse Hilfstätigkeiten für das externe Rechnungswesen. Diese werden durch die Internationalisierung der Rechnungslegung und den damit verbundenen Management Approach noch ausgeweitet. Traditionell erfüllt das Controlling als Trä-ger des internen Rechnungswesens im Wesentlichen die folgenden drei Hilfsfunktio-nen für das externe Rechnungswesen:

- ▬ Ermittlung der **Herstellungskosten** für die Bewertung selbst erstellter Ver-mögensgegenstände: Zur Bewertung solcher Vermögensgegenstände bedarf es Regeln, insbesondere darüber, welche Art von Kosten einbezogen werden dürfen. Kalkulatorische Kosten (kalkulatorische Zinsen, Unternehmerlohn etc.) sind in jedem Fall nicht zu berücksichtigen, während bei Einzelkosten (Materi-aleinzelkosten, Fertigungslöhne etc.) die Berücksichtigung unproblematisch ist. Schwierig ist die Einbeziehung von Gemeinkosten, bei denen zwangsläufig ein Zurechnungsproblem entsteht. In § 255 Abs. 2 HGB ist geregelt, dass die pro-duktionsbedingten Gemeinkosten einzubeziehen sind. Ein Wahlrecht besteht für angemessene Teile der allgemeinen Verwaltungskosten und Sozialleistungen an die Mitarbeiter sofern sie im Zeitraum der Produktion angefallen sind. Ein Einbeziehungsverbot besteht hingegen für Forschungs- und Vertriebskosten. Zur Ermittlung der Herstellungskosten bedarf es Zuarbeit aus der Kosten- und Leistungsrechnung. Unterschiedliche Berechnungen können gravierende Auswirkungen auf die Erfolgsdarstellung des Unternehmens entfalten: Eine Lagerbewertung zu Vollkosten würde eine vollständig verlustfreie Bewertung zur Folge haben, während Kosten, die nicht aktiviert werden jeweils zu einer Erhöhung des Verlusts führen.

- ▬ **Bewertung von selbsterstellten immateriellen Vermögensgegenständen des Anlagevermögens:** Mit dem Bilanzrechtsmodernisierungsgesetz (BilMoG) hat der deutsche Gesetzgeber in § 248 Abs. 2 HGB das Wahlrecht zur Aktivierung selbsterstellter immaterieller Vermögensgegenstände geschaffen (Patente, Soft-ware etc.). Zur Bewertung der Vermögensgegenstände ist es notwendig, die Her-stellungskosten für die Bilanzierung festzustellen. Diese entstammen wiederum der Kosten- und Leistungsrechnung. Nach IFRS (IAS 38) besteht hingegen eine Aktivierungspflicht, bei der die Entwicklungsaufwendungen angesetzt werden müssen. Von den Entwicklungsaufwendungen sind die Forschungsaufwendun-gen zu unterscheiden. Forschung bezeichnet die Suche nach neuen Erkennt-nissen, während Entwicklung die Überleitung dieser Erkenntnisse in konkrete Produkte o. ä. bezeichnet. Die Aktivierung von Forschungsaufwendungen ist daher nicht erlaubt, da ein unmittelbarer wirtschaftlicher Nutzen nicht nachgewiesen werden kann. Konsequenz für das Controlling ist es, dass Forschung und Entwicklung getrennt, z. B. durch zwei unterschiedliche Kostenstellen, abgebildet werden müssen.

- **Langfristige Auftragsfertigung:** Geht ein Auftrag über die Rechnungslegungsperiode hinaus, stellt sich die Frage wie dieser Auftrag abgerechnet wird. Im deutschen Handelsrecht gilt grundsätzlich das Prinzip der **Completed-Contract**-Methode, d. h. ein Gewinn darf erst realisiert werden, wenn der Auftrag an den Kunden fakturiert worden ist. Dies bedeutet, dass solange die Faktur noch nicht erfolgt ist, eine Aktivierung der Herstellungskosten erfolgen muss. Das langfristige Projekt muss folglich ein Kostenträger in der Kostenrechnung werden, damit die Herstellungskosten immer verfügbar sind. Nach IFRS ist die Bewertung eine andere: Hier gilt die **Percentage-of-Completion**-Methode, bei der der Erfolg eines langfristigen Fertigungsauftrags zeitanteilig ausgewiesen wird. Dies erfordert auch den zeitanteiligen Ausweis der Erlöse, denen dann die korrespondierenden Herstellungskosten gegenübergestellt werden müssen.

In den IFRS hat das Controlling zusätzlich die Aufgabe, Hilfestellung bei der Ermittlung von **Fair Values** zu erbringen (Barth 2016, S. 535 ff.). Fair Value ist ein beherrschendes Konzept der IFRS, welches zentral im IFRS 13 niedergelegt ist.

Merke!

In IFRS 13 wird **Fair Value** als „… der Preis, der im Zuge eines geordneten Geschäftsvorfalls unter Marktteilnehmern am Bemessungsstichtag beim Verkauf eines Vermögenswerts erzielt würde oder bei Übertragung einer Schuld zu zahlen wäre" definiert.

Dies betrifft insbesondere die Bewertung von Beteiligungen, aber auch von Betrieben, Produktionsanlagen etc. Insbesondere ist das im Zuge des Erwerbs ganzer Unternehmen in der Konzernrechnungslegung relevant. Der IFRS gibt eine Hierarchiestufung für die Bewertung mit dem Fair Value vor:
1. Bevorzugt sollen tatsächliche Marktpreise an aktiven Märkten verwendet werden.
2. Beobachtbare Faktoren sollen herangezogen werden, z. B. beobachtbare Preise für ähnliche Vermögensgegenstände.
3. Nicht mehr beobachtbare Faktoren werden zur Wertermittlung herangezogen. Der Fair Value wird durch eine marktnahe Bewertung ermittelt, z. B. durch analytische Bewertungen mit dem Discounted-Cash-Flow-Verfahren, das aber alle verfügbaren Informationen mit einbeziehen muss.

2

Insbesondere auf der Stufe 3 wird zumeist das Controlling tätig. Durch den management approach müssen die Zahlen mit denen übereinstimmen, die sonst im Controlling verwendet werden. Des Weiteren muss die veröffentlichte Segmentberichterstattung des externen Rechnungswesens ebenfalls „through management eyes" erfolgen, d. h. die gewählte Segmenteinteilung und die verwendeten Kennzahlen müssen denjenigen entsprechen, die im Controlling verwendet werden.

2.5 Aufbereitung der Informationen zu Kennzahlen und Kennzahlensystemen

2.5.1 Grundlagen von Kennzahlen und Kennzahlensystemen

Kennzahlen sind zentral für das Controlling. Sie stellen quantitative Daten in verdichteter Form dar, um ein Abbild der Realität zu geben, dabei die Komplexität zu reduzieren und betriebswirtschaftliche Sachverhalte transparent darzustellen (Weber u. Schäffer 2016, S. 171). Mit der Komplexitätsreduktion ist auch verbunden, dass eine Kennzahl das Wesentliche eines Sachverhalts abbilden soll, aber nicht für jeden Einzelfall geeignet ist (Dellmann 2002, Sp. 941).

Da es sich bei Kennzahlen um quantitative Größen handelt, müssen sie messtechnische Anforderungen erfüllen (Brühl 2016, S. 425). Sie müssen valide und reliabel sein. Validität bedeutet, dass eine Kennzahl tatsächlich das misst, was sie messen soll. So kann z. B. die Kennzahl „Fehltage" Aufschluss geben über den Krankenstand in der Abteilung. Sie ist aber nicht unbedingt dazu geeignet, etwas über die Mitarbeiterzufriedenheit in dieser Abteilung auszusagen. Reliabilität bedeutet, dass die Messung der Kennzahl verlässlich sein muss. Reliabel ist eine Kennzahl dann, wenn die Messung unter gleichen Bedingungen immer wieder zum gleichen Ergebnis führt.

Kennzahlen lassen sich in absolute und relative Kennzahlen differenzieren. Absolute Kennzahlen geben z. B. Auskunft über die Größe eines Unternehmens. Relative Kennzahlen sind **Verhältniszahlen**, die eine weitere Aufbereitung der Ausgangsdaten aus dem externen bzw. internen Rechnungswesen darstellen. Relative Kennzahlen haben eine höhere Aussagekraft. So ist z. B. aus dem Umsatz eines Geschäftsjahres nicht erkennbar, wie sich der Umsatz im Vergleich zum Vorjahr entwickelt hat. Dies kann nur durch eine Indexzahl, wie Umsatz im Verhältnis zum Umsatz des Vorjahrs, ausgedrückt werden. Man unterscheidet drei Arten von relativen Kennzahlen (vgl. Hauschildt 1971, S. 340 ff.; Baetge 1998, S. 26 ff.):

- **Gliederungszahlen:** Eine Teilgröße wird ins Verhältnis zur korrespondierenden Gesamtgröße gesetzt. So ist die Eigenkapitalquote, die Eigenkapital und Gesamtkapital eines Unternehmens ins Verhältnis setzt, eine Gliederungszahl.

- **Beziehungszahlen:** Hier werden Relationen zwischen verschiedenartigen Größen hergestellt. So ist z. B. die Eigenkapitalrentabilität eine Beziehungszahl. Bei ihr wird das Verhältnis von Jahreserfolg und Eigenkapital beschrieben. Das Eigenkapital ist Grundvoraussetzung, um das Unternehmen zu betreiben, es ist also Ursache für den Erfolg, der erwirtschaftet worden ist. Beziehungszahlen versuchen solche Ursache-Wirkungs-Beziehungen zwischen unterschiedlichen Größen herzustellen.
- **Indexzahlen:** Hier wird eine absolute Kennzahl zu der gleichen Zahl zu einem früheren Zeitpunkt ins Verhältnis gesetzt. Beispielsweise wird der Umsatz im Jahr 2017 ins Verhältnis zum Umsatz im Jahr 2016 gesetzt und die Veränderung berechnet. Wichtig dabei ist zu beachten, dass die ins Verhältnis gesetzten Zahlen sich zeitlich, sachlich und wertmäßig entsprechen, also Zähler und Nenner äquivalent sind. Die Perioden der beiden Jahre müssen gleich lang sein. Die zugrundeliegenden Rechnungslegungsstandards müssen ebenfalls identisch sein. In beiden Fällen müssen die Umsätze entweder netto oder brutto ausgewiesen werden, um die wertmäßige Äquivalenz zu erreichen. Zudem muss bei Indexzahlen darauf geachtet werden, dass nicht ein außerordentliches Jahr, in dem sich entweder besonders positive oder negative Sachverhalte ergeben haben, zum Basisjahr gemacht wird.

Kennzahlen werden in der Literatur verschiedene Funktionen zugeschrieben (vgl. Weber und Schäffer 2016, S. 173 ff.):

- **Anregungsfunktion:** Kennzahlen dienen zur Anregung, Initiativen zu ergreifen und damit Auffälligkeiten und Probleme zu beseitigen. Dies kann so weit gehen, dass sich das Management eines Unternehmens eine kleine Auswahl von Kennzahlen regelmäßig z. B. in den Vorstandssitzungen vornimmt und auf Basis dieser Kennzahlen Fragen grundsätzlicher Bedeutung bespricht (vgl. Simons 1995). Diese Funktion der Kennzahlen ist für die Rolle des Controllers im Unternehmen sehr wichtig. Es gibt ihm die Möglichkeit, Empfehlungen für neue Initiativen zu machen, die die Kennzahlen näher an die geplanten Größen bringen.
- **Operationalisierungsfunktion:** Kennzahlen werden benötigt, um Ziele messbar zu machen. So beruhen die Anreizsysteme zur Bemessung der variablen Vergütung der meisten Unternehmen auf der Erfüllung von Kennzahlen.
- **Vorgabefunktion:** In einem engen Zusammenhang zur Operationalisierungsfunktion steht die Vorgabefunktion. Durch Kennzahlen werden kritische Ziele als Vorgaben für die operativen Einheiten des Unternehmens bis hin zu einzelnen Mitarbeitern gegeben. Kennzahlen dienen damit auch zur Motivation der Mitarbeiter.
- **Steuerungsfunktion:** Hier hat eine Kennzahl die Funktion, die Steuerung von Systemen im Unternehmen zu gewährleisten. So sollen die verschiedenen

Funktionsbereiche aufeinander abgestimmt werden und ein Ineinandergreifen verschiedener Abteilungen gewährleistet werden. So werden beispielsweise Kennzahlen zur Lagerhaltung im Einkauf verwendet, um zu entscheiden, ob neue Einkäufe getätigt werden sollen oder nicht.

— Kontrollfunktion: In dieser Funktion werden Kennzahlen für Soll-Ist Vergleiche herangezogen. Daran anknüpfend können Abweichungsanalysen vorgenommen werden und entsprechende Initiativen zur Änderung gestartet bzw. Sanktionen ausgesprochen werden.

> ▶ **Auf den Punkt gebracht: Kennzahlen erfüllen die Anregungs-, die Operationalisierungs-, die Vorgabe- und die Kontrollfunktion in Unternehmen. Sie spielen daher eine zentrale Rolle für das Controlling.**

Um die reale Komplexität von Unternehmen annähernd abbilden zu können, wird in der Praxis zumeist mehr als eine Kennzahl benötigt. Die ausgewählten Kennzahlen sollten in einem sinnvollen Verhältnis zueinanderstehen, um nicht widersprüchliche oder verwirrende Aussagen zu bekommen. In diesem Fall spricht man von einem **Kennzahlensystem.**

Problematisch ist die unstrukturierte Ermittlung von vielen Kennzahlen. Durch eine systematische Erhebung von ausgewählten Kennzahlen wird zum einen der **information overload** vermieden, die Überforderung von Entscheidungsträgern durch zu viele Informationen, und zum anderen die folgerichtige Interpretation von Kennzahlen erleichtert. Zur Systematik gehört auch eine eindeutige Definition von Kennzahlen. Viele Unternehmen verstehen unter der gleichen Bezeichnung anders definierte Kennzahlen. Dies erschwert nicht nur die Vergleichbarkeit zwischen Unternehmen. Es macht auch die Interpretation von Kennzahlen von Unternehmen im Controlling sehr schwierig, da jeder Controller und Manager etwas Anderes unter der Kennzahl versteht und andere Schlussfolgerungen aus deren Entwicklungen ableitet. Es gehört daher zu den außerordentlich wichtigen Aufgaben des Controllings, eindeutige Definitionen der verwendeten Kennzahlen zu machen und diese in das Unternehmen zu kommunizieren.

Daneben kann eine zu starke Kennzahlenfokussierung die Kurzfristigkeit von Entscheidungen erhöhen, da nur die Wirkung einer Entscheidung auf die Kennzahl im Blick ist. Dies wird noch dadurch verstärkt, dass andere nicht-monetäre Aspekte möglicherweise vernachlässigt werden, was sich negativ auf die Qualität der Entscheidungen auswirken kann.

2.5.2 Erfolgskennzahlen

Erfolgskennzahlen drücken aus, welchen betriebswirtschaftlichen Erfolg ein Unternehmen in einer Periode erwirtschaftet hat. Einfachste Kennzahl ist dabei der Jahresüberschuss, das Ergebnis der Gewinn- und Verlustrechnung vor der Ergebnisverwendung (Ausschüttung oder Thesaurierung).

Eingebürgert haben sich Erfolgskennzahlen, die unterschiedliche Ergebniskomponenten auslassen und damit einen besseren Blick auf die erbrachten Managementleistungen zulassen sollen. Bei diesen **EB (Earnings before) Ziffern** werden systematisch nicht (vollständig) durch das Management beeinflussbare Komponenten ausgelassen: Steuern (T wie Taxes), Finanzergebnis (I wie Interest), Abschreibungen auf das materielle Anlagevermögen (D wie Depreciation) und Abschreibungen auf das immaterielle Anlagevermögen (A wie Amortisation). Die Auslassung dieser Ergebniskomponenten wird durchgeführt, um Unternehmen mit unterschiedlichen Voraussetzungen vergleichbar zu machen (vgl. Malik 2003). Die wichtigsten dieser Ziffern sind in ◘ Tab. 2.1 zusammengefasst.

So gibt es in verschiedenen Staaten unterschiedliche Steuersysteme. Dieser Effekt wird durch das Auslassen der Steuern eines Unternehmens ausgeblendet. Internationale Unternehmen werden vergleichbar. Unternehmen haben unterschiedliche Finanzierungsquellen, je nachdem ob es sich z. B. um ein börsennotiertes Unternehmen handelt oder ob es ein Unternehmen in Familienhand. Die Finanzierungssituation und die damit verbundene Zinslast sind unabhängig vom operativen Erfolg des Unternehmens. Diese Unwucht wird durch das Auslassen des Finanzergebnisses begradigt. Abschreibungen werden nach unterschiedlichen steuerlichen und handelsrechtlichen Regeln berechnet. Dies wird durch Auslassen der Komponente Abschreibungen berücksichtigt. Abschreibungen auf immaterielle Vermögensgegenstände, wie z. B. auf den Firmenwert, können als Sonderbelastungen interpretiert werden. Auch dieser Effekt wird durch Weglassen umgangen.

Die Earnings before Ziffern haben eine große Bedeutung an den Kapitalmärkten (vgl. Hitz und Jenniges 2008, S. 237) und in der Kommunikation der Unternehmen mit tatsächlichen und potenziellen Investoren. Allerdings eignen sich die EB Ziffern nicht zur operativen Führung von Unternehmen. Das Weglassen von Ergebniskomponenten hat den Sinn, verschiedene Unternehmen vergleichbar zu machen. Das Controlling braucht diesen Vergleich im eigenen Unternehmen erst einmal nicht – vielleicht in einem zweiten Schritt zum **Benchmarking**, also dem Vergleich mit anderen Unternehmen. Durch das Weglassen gehen nämlich wichtige Informationen verloren. Ein Unternehmen mit einem absolut hohen EBITDA kann trotzdem einen deutlich negativen, vielleicht sogar existenzbedrohenden Jahresfehlbetrag ausweisen. Malik (vgl. Malik 2003) plädiert ironisch vor dem Hintergrund des weit verbreiteten Gebrauchs

◘ Tab. 2.1 Earnings before Kennzahlen

Kennzahl	Definition
EBT	Earnings before Tax = Jahresüberschuss ± außerordentliche Aufwendungen/Erträge + Steuern
EBIT	Earnings before Interest and Tax = Jahresüberschuss ± außerordentliche Aufwendungen/Erträge + Steuern ± Zinsaufwendungen/-erträge
EBITA	Earnings before Interest, Tax and Amortisation = Jahresüberschuss ± außerordentliche Aufwendungen/Erträge + Steuern ± Zinsaufwendungen/-erträge + Goodwill-Abschreibungen
EBITDA	Earnings before Interest, Tax and Amortisation = Jahresüberschuss ± außerordentliche Aufwendungen/Erträge + Steuern ± Zinsaufwendungen/-erträge + Goodwill-Abschreibungen + Abschreibungen auf Sachanlagen

der EB Ziffern dafür, dass sich nur eine Kennziffer zur Unternehmensbeurteilung eignet, nämlich ein EAE (Earnings After Everything).

Zu den Erfolgskennzahlen gehören auch die Rentabilitäten. Sie sind Beziehungszahlen, die den Erfolg des Unternehmens ins Verhältnis zu anderen Größen setzen. Genannt sei die **Umsatzrentabilität**:

$$\text{Umsatzrentabilität} = \frac{\text{Gewinn}}{\text{Umsatz}} \cdot 100$$

Die Umsatzrentabilität (Return on Sales) gibt an, wie viel Gewinn von einem Euro Umsatz übrigbleibt. Die häufig verwendete Kennzahl EBIT findet im Zähler der **EBIT-Marge** erneute Berücksichtigung (vgl. Dechene 2016, S. 475):

$$\text{EBIT-Marge} = \frac{\text{EBIT}}{\text{Umsatz}} \cdot 100$$

Die EBIT-Marge zeigt an, wie viel des Umsatzes als EBIT übrigbleibt. Damit können die Vorteile des EBITs bei der Vergleichbarkeit von Unternehmen auch bei der Rentabilitätsanalyse Berücksichtigung finden.

In der Praxis hat sich der **Return on Capital Employed (RoCE)** etabliert, der insbesondere von Investmentbanken verwendet wird. Im Zähler wird das Ergebnis vor Zinsen verwendet. Damit wird erreicht, dass die Fremdkapitalgeber gleich behandelt werden wie die Eigenkapitalgeber, deren Entlohnung noch nicht Teil im Jahresüberschuss berücksichtigt ist, da sie die Ausschüttung erst aus dem Jahresüberschuss erhalten. Zum anderen wird die Nennergröße reduziert um diejenigen Verbindlichkeiten, die keinen Anspruch auf Verzinsung erheben. Dies sind insbesondere die Verbindlichkeiten aus Lieferungen und Leistungen und die sonstigen Verbindlichkeiten. Ein Lieferant will den geschuldeten Preis zum Zahlungsziel erhalten und erhebt keinen Anspruch auf eine weitergehende Verzinsung. Formal ergibt sich:

$$RoCE = \frac{\text{Ergebnis vor Zinsen}}{\text{Gesamtkapital} - \text{nicht zinstragende Verbindlichkeiten}}$$

Mit dem RoCE kann das Controlling errechnen, wie viel mit jedem Euro Kapital, das einen Anspruch auf Entlohnung hat, verdient wurde. Damit lässt sich auch feststellen wie viel für die tatsächliche Entlohnung der Kapitalgeber zur Verfügung steht. Damit ist diese Kennzahl für potenzielle Eigen- und Fremdkapitalgeber von besonderer Bedeutung, da sie erkennen können, wie viel für ihre Verzinsungs- und Dividendenansprüche theoretisch zur Verfügung steht.

Die **Eigenkapitalrentabilität** wurde bereits als Beispiel für eine Beziehungszahl genannt. Sie berechnet sich nach folgender Formel:

$$r_{EK} = \frac{\text{Jahresüberschuss}}{\text{Eigenkapital}}$$

Die Eigenkapitalgeber ist für die Eigenkapitalgeber von besonderer Bedeutung, da sie angibt, wie sich das von ihnen zur Verfügung gestellte Kapital verzinst hat. Damit kann der Eigenkapitalgeber diese Form der Investition vergleichen mit anderen Formen wie der Anlage in Tagesgeld oder bei einem anderen Unternehmen. Sie kann auch mit dem EBIT anstatt des Jahresüberschusses im Zähler berechnet werden.

2.5.3 Finanzierungskennzahlen

Finanzierungskennzahlen sollen helfen, die Finanzlage des Unternehmens zu analysieren. Die Finanzstruktur eines Unternehmens sagt aus, wie geschützt das Unternehmen aus finanzieller Sicht vor einer Insolvenz ist. Grundlegende Kennzahl ist dabei die Eigenkapitalquote, die bereits in 2.5.1 als Beispiel für eine Gliederungszahl vorgestellt wurde. Bei ihr wird das Eigenkapital ins Verhältnis zum Gesamtkapital gesetzt. Da ein etwaiger Verlust mit dem Eigenkapital verrechnet wird, gibt die Eigenkapitalquote Aufschluss darüber, wie viele Verluste ein Unternehmen noch absorbieren kann und ist damit Maßstab für die finanzielle Sicherheit des Unternehmens (vgl. Littkemann und Michalik 2004, S. 162).

Spiegelbildlich stellt die **Fremdkapitalquote** oder Debt-Equity-Ratio die Verschuldung des Unternehmens im Verhältnis zum Gesamtkapital dar:

$$\text{Fremdkapitalquote} = \frac{\text{Fremdkapital}}{\text{Gesamtkapital}}$$

Eigen- und Fremdkapitalquote führen aufgrund ihrer Spiegelbildlichkeit zu gleichen Aussagen über die finanzielle Stabilität des Unternehmens. Hierbei muss allerdings beachtet werden, dass Sicherheit und Gewinnstreben teilweise konkurrierende unternehmerische Zielsetzungen sind. Von daher wäre die Aussage, dass eine hohe Eigenkapitalquote bzw. eine niedrige Fremdkapitalquote immer gut ist, falsch. Vielmehr muss die optimale Kapitalstruktur im Einzelfall in Abhängigkeit von Risikoüberlegungen, branchenspezifischen Faktoren und notwendigen Finanzierungsspielräumen festgelegt werden.

Der **statische Verschuldungsgrad** betrachtet das Verhältnis von Fremdkapital zu Eigenkapital:

$$\text{statischer Verschuldungsgrad} = \frac{\text{Fremdkapital}}{\text{Eigenkapital}}$$

Der statische Verschuldungsgrad kann als Indikator für eine mögliche Überschuldung des Unternehmens angesehen werden. Da der statische Verschuldungsgrad rein aus der Bilanz und damit aus einem rein vergangenheitsorientierten Rechenwerk abgeleitet wird, werden künftige Entwicklungen und bereits feststehende Auszahlungen nicht berücksichtigt. Diesen Mangel versucht der dynamische Verschuldungsgrad zu beseitigen.

$$\text{dynamischer Verschuldungsgrad} = \frac{\text{Effektivverschuldung}}{\text{operativer Cashflow}}$$

Die Zählergröße Effektivverschuldung ist dabei definiert als Verbindlichkeiten des Unternehmens zuzüglich der Rückstellungen abzüglich der schnell liquidierbaren Vermögensgegenstände (wie Liquide Mittel, Wertpapiere des Umlaufvermögens). Der operative Cashflow bezeichnet diejenigen Einzahlungen (also liquiden Mittel), die aus der Geschäftstätigkeit des Unternehmens entstehen (also dem normalen Umsatzprozess).

Die Aussage des dynamischen Verschuldungsgrads ist, der Zeitraum, den das Unternehmen benötigt, seine vorhandenen Effektivschulden aus dem operativen Cashflow zu tilgen (daher wird der dynamische Verschuldungsgrad manchmal auch als „Schuldentilgungsdauer" bezeichnet, Schult 1997, S. 161). Ein kleiner dynamischer Verschuldungsgrad bedeutet also, dass das Unternehmen schnell seine Schulden aus eigener Kraft zurückzahlen kann und daher relativ unabhängig von seinen Gläubigern ist. Allerdings muss berücksichtigt werden, dass alle Aussagen auf der Prämisse beruhen, dass das Unternehmen auch in der Zukunft den gleichen operativen Cashflow wie in der vergangenen Periode erwirtschaften wird.

2.5.4 Liquiditätskennzahlen

Liquidität hat zwei unterschiedliche Bedeutungen (Matschke 1991, S. 26 ff.): Zum einen bezeichnet es die Eigenschaft von Vermögensgegenständen in Zahlungsmittel umgewandelt zu werden (durch einen Verkauf). Dies bezeichnet man als strukturelle Liquidität. Die dispositive Liquidität bezeichnet hingegen die Fähigkeit eines Wirtschaftssubjekts, z. B. eines Unternehmens oder einer Privatperson, seinen Zahlungsverpflichtungen pünktlich nachzukommen. Die Erhaltung der Liquidität ist von besonderer Wichtigkeit für die Unternehmen, da Illiquidität zur Insolvenz führt (§ 17 InsO). Die Anmeldung kann dabei auch von Gläubigern erfolgen. Steht die Zahlungsunfähigkeit in Aussicht, kann das Unternehmen selbst wegen drohender Zahlungsunfähigkeit Insolvenz anmelden.

> **Auf den Punkt gebracht: Die Liquidität ist „conditio sine qua non" (notwendige Bedingung) unternehmerischen Handelns.**

Die Liquidität eines Unternehmens kann beschrieben werden mit drei **Liquiditätsgraden**, die nach dem betrachteten Zeitraum differenziert werden. Der Zeitraum bestimmt sich zum einen danach wie schnell die betrachteten Vermögensgegenstände in Liquidität umgewandelt werden können (also nach ihrer Geldnähe) und damit verwendet werden können, um Verbindlichkeiten zu begleichen. Zum anderen werden die Fälligkeiten der Verbindlichkeiten des Unternehmens betrachtet. Beide Größen werden ins Verhältnis gesetzt und geben Aufschluss über die Liquiditätssituation des Unternehmens. Die kurzfristige Situation wird durch die Liquidität 1. Grades beschrieben, die auch als Cash Ratio oder Barliquidität bezeichnet wird:

$$\text{Liquidität 1. Grades} = \frac{\text{liquide Mittel}}{\text{kurzfristige Verbindlichkeiten}}$$

In dieser engen Fassung wird davon ausgegangen, dass das Unternehmen nur mit den gerade verfügbaren Barmitteln in der Lage ist, seine kurzfristigen Verbindlichkeiten zu decken. Dies ist unrealistisch, da fast jedes Unternehmen in der Lage ist, durch Verkauf von Aktiva, die eine hohe Geldnähe aufweisen, schnell seine Liquidität zu vergrößern. Außerdem führen Forderungen immer wieder zu Einzahlungen, die dann als liquide

Mittel zur Begleichung eigener Verbindlichkeiten dienen können. Dies berücksichtigt die Liquidität 2. Grades, die auch als Quick Ratio oder Acid Test Ratio bezeichnet wird:

$$\text{Liquidität 2. Grades} = \frac{(\text{liquide Mittel} + \text{kurzfristige Forderungen} + \text{Wertpapiere})}{\text{kurzfristige Verbindlichkeiten}}$$

Börsengehandelte Wertpapiere sind in der Regel schnell zu verkaufen. Zumindest ein Teil der kurzfristigen Forderungen wird zu Einzahlungen führen. Liegt die Liquidität 2. Grades unter 1, d. h. sind die Verbindlichkeiten nicht vollständig durch liquide Mittel und schnell zu Geld zu machende Aktiva gedeckt, kann dies auf kurzfristige Liquiditätsengpässe hinweisen. Der Kreis der heranzuziehenden Aktiva wird bei der Liquidität 3. Grades (Current Ratio) noch erweitert. Hier wird das ganze Umlaufvermögen zum Vergleich herangezogen:

$$\text{Liquidität 3. Grades} = \frac{\text{Umlaufvermögen}}{\text{kurzfristige Verbindlichkeiten}}$$

Ist die Liquidität 3. Grades kleiner 1, so deckt das Umlaufvermögen die kurzfristigen Verbindlichkeiten nicht ab. Es besteht die Gefahr, dass Anlagevermögen, das eigentlich langfristig dem Unternehmen dienen soll, verkauft werden muss, um die kurzfristigen Verbindlichkeiten zu begleichen. Amerikanische Banken wenden bei ihrer Kreditvergabe (Mensch 2002, S. 181) die Two-to-One-Rule oder Banker's rule an, nach der die Liquidität 3. Grades bei 2 liegen muss.

Die Liquiditätsgrade geben einen wichtigen Eindruck von der Liquiditätssituation eines Unternehmens. Kritisch ist allerdings anzumerken, dass die Fälligkeiten von Zähler und Nenner nicht genau gleich sein müssen. Insbesondere bei den Zahlungsverpflichtungen können wichtige und hohe Summen fehlen, da es sich um Verpflichtungen handelt, die zum Zeitpunkt der Bilanzierung nicht fällig sind und daher nicht bilanziert werden dürfen. Dies ist z. B. bei Gehaltszahlungen oder Zinszahlungen der Fall.

Zur Liquiditätsanalyse von Unternehmen wird daneben insbesondere die aus dem anglo-amerikanischen Raum stammende Kennzahl **Working Capital** verwendet. Sie wird gebildet als Differenz von kurzfristigem Vermögen (Umlaufvermögen) und kurzfristigen Verbindlichkeiten (jeweils mit einer Laufzeit von bis zu einem Jahr). Hintergrund dieser Berechnung ist die fristenkongruente Finanzierung: kurzfristiges Vermögen soll auch kurzfristig finanziert werden. Die Kennzahl sollte im Normalfall positiv sein, also die kurzfristigen Vermögensgegenstände sollten die kurzfristigen Verbindlichkeiten übersteigen. Ist dies der Fall, so können durch Veräußerung des kurzfristig gebundenen Vermögens die kurzfristigen Verbindlichkeiten gedeckt werden (vgl. Deimel et al. 2013, S. 194). Allerdings sollte dies nicht als Aufforderung missverstanden werden, das Working Capital zu maximieren. Ein zu hohes Working Capital führt zu einer überhöhten Kapitalbindung. Inzwischen beschäftigt sich eine ganze Teildisziplin des Controllings, das Working Capital Management, mit der komplexen Aufgabe das Working Capital zu optimieren (vgl. u. a. Meyer 2007). Es ist unmittelbar einsichtig, dass z. B. eine zu hohe Vorratshaltung bzw. zu hohe ausstehende Forderungen nicht positiv für das Unternehmen sind. Insbesondere die Forderungen und die Vorräte sollten optimiert werden. Bei den Forderungen wird die durchschnittliche Forderungslaufzeit berechnet (Days Sales Outstanding, DSO):

$$DSO = \frac{\text{Forderungen aus Lieferungen und Leistungen} \cdot 360}{\text{Umsatz}}$$

Die DSO geben Auskunft wie lange (in Tagen) das Unternehmen durchschnittlich auf sein Geld aus Umsatzerlösen warten muss. Ansatzpunkte diese Kennzahl zu verbessern ist, das Mahnwesen und Inkasso zu verbessern.

Eine weitere wichtige Kennzahl für die Liquidität ist die Lagerreichweite DIH (Days Inventory Held). Sie gibt an, wie lange die Vorräte des Unternehmens ausreichen, um die durchschnittlich in der Vergangenheit verkauften Produkte, weiterhin zu verkaufen:

$$DIH = \frac{\text{durchschnittliches Vorratsvermögen} \cdot 360}{\text{Materialaufwand}}$$

Die DIH sollten nicht nur rein mathematisch minimiert werden. Entscheidende Randbedingung ist allerdings, dass das Unternehmen seine Lieferfähigkeit behält. Kann ein Auftrag aufgrund mangelnder Vorräte nicht ausgeführt werden, so kann man davon ausgehen, dass der Umsatz endgültig verloren ist, da sich der potentielle Kunde woanders mit der Lieferung versorgt.

2.5.5 Das DuPont Kennzahlensystem

Das DuPont Kennzahlensystem wurde als erstes **Kennzahlensystem** der Geschichte in der Unternehmenspraxis entwickelt. Es wurde 1919 von dem amerikanischen Chemieunternehmen E. I. du Pont de Nemours and Company eingesetzt. Hintergrund war die Erfindung der Strategie der multidivisionalen Unternehmung. General Motors gilt als das erste Unternehmen, dass seine verschiedenen Tätigkeiten in Divisionen, also voneinander unabhängige und relativ eigenständige Organisationseinheiten, eingeteilt hat: Autos mit verschiedenen Marken, Lastwagen und Ersatzteile. Diese Strategie geht wesentlich auf den damaligen Vorstandvorsitzenden von General Motors Alfred Sloane zurück. Eine zweite prägende Persönlichkeit war der wichtigste Eigentümer von General Motors in den 20er-Jahren des vergangenen Jahrhunderts Pierre du Pont, der auch Eigentümer des Chemieunternehmens DuPont war. Auch in seinem Chemieunternehmen wurden Divisionen gebildet mit Managern, die für ihre Division die Verantwortung trugen (vgl. Micklethwait und Woolridge 2003, S. 104 ff.). Um den Erfolg der Divisionen beurteilen zu können und zu sehen, welche Divisionen weitere finanzielle Ressourcen erhalten soll, war es notwendig, ein Beurteilungssystem zu haben, was mit der Entwicklung und dem Einsatz des DuPont Kennzahlensystems geschaffen wurde. ◘ Abb. 2.4 zeigt das DuPont Kennzahlensystems graphisch.

Ausgangspunkt ist die Erkenntnis, dass die Maximierung einer absoluten Größe wie Gewinn allein nicht zielführend ist. Stattdessen wird als Spitzenkennzahl eine relative Größe, der **Return on Investment (RoI)** gewählt. Diese Größe wird in dem Kennzahlensystem in ihre mathematischen Elemente zerlegt, so dass die Einflussfaktoren auf die Geschäftätigkeit des Unternehmens sichtbar werden. Damit kann man durch die Gegenüberstellung von Kennzahlen der internen Divisionen oder unternehmensübergreifend mit anderen Unternehmen, Schwachstellen erkennen und entsprechende Gegenmaßnahmen einleiten. Durch die Relativierung durch eine Bezugsgröße werden größenspezifische Faktoren in der weiteren Beurteilung nicht mehr berücksichtigt: Unternehmen verschiedener Größe werden vergleichbar. Die mathematische Zerlegung der Spitzenkennzahl in die einzelnen Elemente hilft dabei, die Handlungsmöglichkeiten offenzulegen.

Der Return on Investment sagt aus, wie viel mit dem eingesetzten Kapital verdient worden ist. Die Größe RoI wird aufgespalten in die multiplikativ miteinander verknüpften Größen **Umsatzrentabilität und Kapitalumschlag**. Die Umsatzrentabilität sagt aus, wie viel von einem Euro Umsatz prozentual als Gewinn verbleibt. Die Kennzahl zeigt also, wie das Geld verdient worden ist. In den weiteren Aufspaltungen der Kennzahl Umsatzrentabilität werden die einzelnen Faktoren, die Einfluss auf den Verdienst haben, transparent. Der obere Strang des DuPont Systems speist sich aus den Größen der Gewinn- und Verlustrechnung. Dahingegen wird der untere Strang im Wesentlichen aus den Größen der Bilanz gespeist. Sie stellen die Quellen, aus denen der Verdienst kommt, dar. Der untere Strang kann also als Ausdruck des Ziels „Verdienstquelle sichern" interpretiert werden (vgl. Baetge 1998, S. 522), da in der Bilanz diejenigen Vermögensgegenstände enthalten sind, mit denen das Unternehmen den Gewinn erzielt.

Der RoI kann, was die Kennzahl deutlich werden lässt, auf zweierlei Weisen gesteigert werden. Wählt man die Umsatzrendite als Ansatzpunkt, so können Kosteneinsparungen oder Umsatzsteigerungen bei jeweils konstanter Entwicklung der anderen Größe zu einem verbesserten RoI führen. Während diese Maßnahmen offensichtlich sind, ist dies beim zweiten Ansatzpunkt nicht unbedingt so: Eine Senkung des eingesetzten Kapitals führt zu einer Erhöhung des Kapitalumschlags und damit zu einer Erhöhung des RoI. Möglichkeit hierzu ist das Working Capital Management. So führt

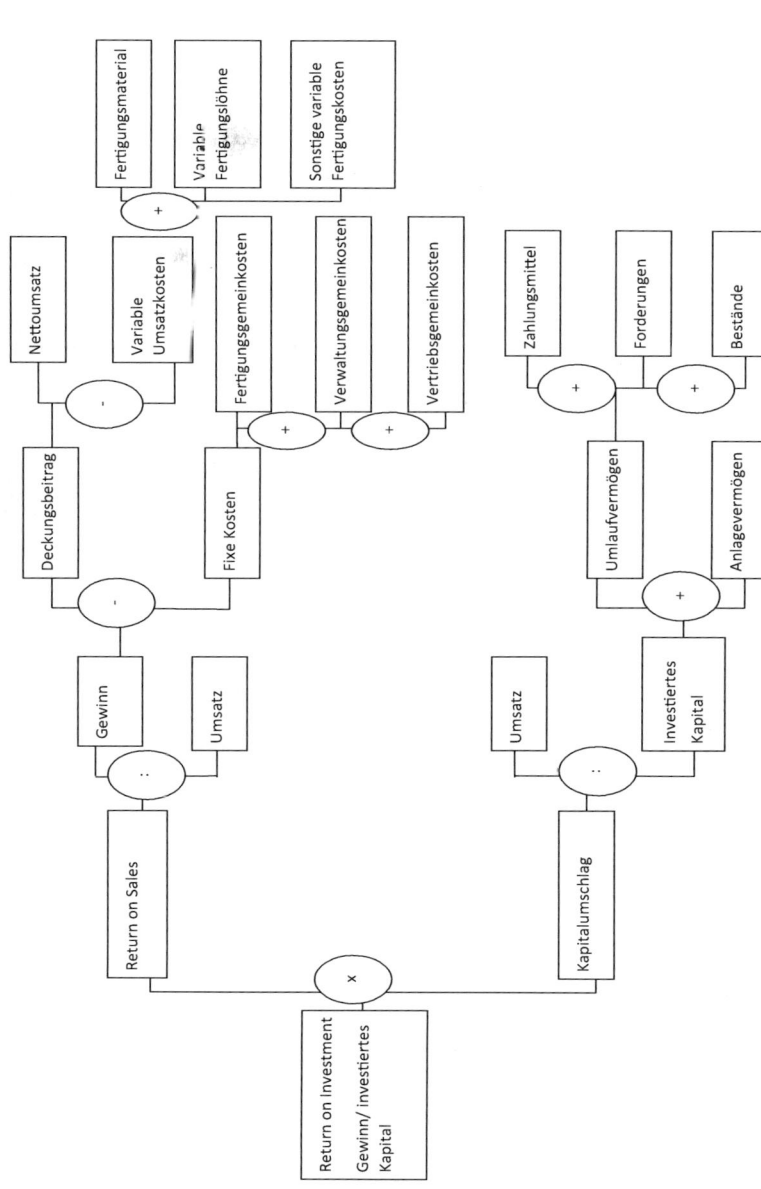

◻ Abb. 2.4 Das DuPont Kennzahlenschema. (Quelle: Behringer 2014, S. 111)

eine Reduktion der Lagerbestände zu einer Reduktion des eingesetzten Kapitals und damit zur Erhöhung des RoI.

Dem Manager einer Division wird mit dem DuPont Kennzahlensystem weitgehende Handlungsfreiheit gegeben. Der vorgegebene RoI wird ihm durch Zielvereinbarung im Rahmen des Managements by Objectives vorgegeben. Vorteilhaft ist außerdem, dass das Rentabilitätsziel der Unternehmung nicht aus den Augen verloren wird und die Spaltung des RoI die Möglichkeit gibt, Ursachen für Abweichungen zu erkennen (vgl. Zünd 1973, S. 127 f.). Auf der anderen Seite suggeriert der starke mathematische Zusammenhang der Kennzahlen untereinander das Vorliegen eines mechanischen Systems. Aufgrund der starken und schnellen Veränderungen, denen die Unternehmen ausgesetzt sind, ist diese mechanische Sichtweise allerdings nicht angemessen.

Kritisch ist anzumerken, dass das DuPont Kennzahlensysteme rein auf finanzielle Kennzahlen abstellt. Damit werden Bereiche, die außerhalb der Finanzsphäre des Unternehmens liegen, aber sehr wohl bedeutend sein können, nicht betrachtet. Insofern muss das DuPont Kennzahlensystem als unausgewogen bezeichnet werden. Da an den Zahlen des externen Rechnungswesens angesetzt wird, sind auch bilanzpolitische Maßnahmen Bestandteil. Innovationshemmend kann das System deswegen werden, da nicht aktivierte Innovationen nur als Aufwand berücksichtigt werden und damit den RoI kurzfristig verschlechtern. Erst in der Folgezeit führen Innovationen zu Umsatzerlösen, die dann wieder den RoI erhöhen.

Durch die Bindung an den RoI werden die Leiter von Sparten autonom in ihren Entscheidungen, da die Unternehmenszentrale nach Ablauf einer Periode lediglich den RoI heranzieht. Diese Autonomie kann aber auch zu Nachteilen für das Gesamtunternehmen führen. Nehmen wir an, ein Unternehmen besteht aus zwei Sparten. Die eine – Produktion von Erdbeermarmelade – hat einen ROI von 10 % und die andere – Produktion von Orangenmarmelade – einen RoI von 20 % und beide Spartenleiter jeweils an den erwirtschafteten RoI gemessen werden. Der Leiter der Produktion von Orangenmarmelade würde einen Auftrag ablehnen, der einen RoI von 15 % hat, obwohl dieser Auftrag den Gesamtunternehmenserfolg erhöhen würde. Der RoI für Orangenmarmelade würde allerdings sinken, was ihn zur Ablehnung veranlassen wird.

2.5.6   Die Balanced Scorecard

Bei der Balanced Scorecard handelt es sich um ein **ausgewogenes Kennzahlensystem**, welches die finanzielle Sichtweise um andere für die Unternehmensführung wichtige Sichtweisen erweitert. Im Gegensatz zum DuPont Kennzahlenschema werden auch andere nicht unmittelbar finanzielle Bereiche direkt angesprochen. Die Balanced Scorecard ist ein Instrument des strategischen Controllings, da alle Kennzahlen einen

Bezug zur Unternehmensstrategie aufweisen sollen. Insbesondere soll die Balanced Scorecard bei der Kommunikation der Strategie helfen. Es wird angenommen, dass viele Führungskräfte die Strategie nicht kennen oder nur eine vage Idee der Maßnahmen ihrer Umsetzung haben. Die Kennzahlen, die Elemente der Balanced Scorecard werden, sollen diesen Kommunikationsprozess verbessern.

Prägend war bei der Entwicklung die Erkenntnis, dass rein finanzielle Kennzahlen für die industrielle Ära ausreichend gewesen sind, in der Wissensgesellschaft mit kürzeren Produktlebenszyklen und internationaler Konkurrenz aber andere Anforderungen für die Unternehmensführung wichtig sind. Symbolisch haben die Erfinder Kaplan und Norton das Bild eines Piloten geprägt, der auch verschiedene Informationen über Flughöhe, Geschwindigkeit, Kerosinverbrauch, Entfernung zum Ziel, Wetterbedingungen benötigt, um das Flugzeug sicher zum Ziel zu bringen. Einem Piloten, der seine Informationen einzig und allein von einem Instrument beziehen würde, würde man nicht vertrauen und dankend auf den Flug verzichten (vgl. Kaplan und Norton 1996, S. 1). Auch ein Unternehmensleiter kann nicht in der Lage sein, ein Unternehmen nur mit einer Kennzahl zu führen. Vielmehr muss er wie ein Jongleur verschiedene Bälle in der Hand halten, die er mit geeigneten Kennzahlen beobachten muss. Konkret ergänzt die Balanced Scorecard die finanzielle Perspektive um eine Kunden-, eine interne Prozess- und eine Lern- und Entwicklungsperspektive (vgl. Kaplan und Norton 1996, S. 24 ff.):

- Die **finanzielle Perspektive** umfasst als einzige rein monetäre Kennzahlen. Typischerweise werden der Periodengewinn, der RoI oder die Umsatzrendite verwendet. Auch im Modell der Balanced Scorecard behält die finanzielle Perspektive eine überragende Rolle. Zum einen wird in ihr geklärt, welchen monetären Beitrag eine Strategie zum finanziellen Gesamterfolg des Unternehmens beigetragen hat. Zum anderen stellt die finanzielle Perspektive auch das finale Ziel für die anderen Perspektiven dar. Alle Kennzahlen in der Balanced Scorecard müssen durch **Ursache-Wirkungszusammenhänge** miteinander verbunden sein, wobei letztlich alle zum finanziellen Erfolg beitragen müssen. Die finanzielle Perspektive soll die Frage beantworten, wie solle das Unternehmen gegenüber seinen Eigentümern auftreten soll, um finanziellen Erfolg zu haben.
- Die **Kundenperspektive** betrachtet das Unternehmen vom Markt. Hier können z. B. Marktanteile, Kennzahlen zur Kundenzufriedenheit oder Kundentreue Anwendung finden. Ziel ist es, herauszufinden, wie die Kunden das Unternehmen sehen. Als Frühwarnsystem sollen Probleme im Markt erkannt werden, die sich in den finanziellen Zahlen erst nach Eintritt des Risikos zeigen würden (z. B. in niedrigeren Umsätzen, da die Kunden nicht mit dem Unternehmen zufrieden sind). Durch die Kennzahl „Anzahl der Kundenbeschwerden" kann rechtzeitig gesehen werden, dass die Kunden beginnen unzufrieden zu werden. Die Kundenperspektive soll die Frage beantworten, wie das Unternehmen seinen Kunden gegenüber auftreten soll, um seine Vision zu verwirklichen.

2

━ Die **interne Prozessperspektive** befasst sich mit allen internen Prozessen, die notwendig sind, um die finanziellen und kundenbezogenen Ziele zu erreichen. Als Kennzahlen können der Zeitbedarf bis zur Marktreife von Neuprodukten (time to market), Kapazitätsauslastungen, Ausschussquoten oder Produktivitäten verwendet werden. Dadurch kann frühzeitig erkannt werden, dass Prozesse schlecht laufen, die früher oder später zu einer Kundenunzufriedenheit führen. Im Mittelpunkt dieser Strategie steht die Frage, in welchen Geschäftsprozessen man der Beste sein muss, um die Teilhaber und Kunden zu befriedigen.

━ Die **Lern- und Entwicklungsperspektive** zeigt die Potenziale auf, die entwickelt werden müssen, um die Ziele in den ersten drei Perspektiven zu erreichen. Hierzu zählen Investitionen in die Weiterbildung der Mitarbeiter, Investitionen in Forschung und Entwicklung bzw. in Informationstechnologie. Es können Kennzahlen zur Mitarbeiterzufriedenheit, zur Fluktuationsrate oder zu den getätigten Innovationen im Unternehmen gemessen werden. Dies ist ein Frühwarnsystem zur Prozessverschlechterung. Durch schlechte Qualifikation der Mitarbeiter werden sich künftig die Prozesse verschlechtern können. Es soll die Frage beantwortet werden, wie die Veränderungs- und Wachstumspotenziale gefördert werden sollen, um die Vision verwirklichen zu können.

◻ Abb. 2.5 zeigt das Schema der Balanced Scorecard.

Neben den finanziellen Kennzahlen werden meist noch geschäftsspezifische Kennzahlen benannt, die auch als **Leistungstreiber** bezeichnet werden (vgl. Weber und Schäffer 2016, S. 194). Die finanziellen Kennzahlen sind demgegenüber Ergebniskennzahlen, die im Nachhinein zeigen, welches Ergebnis erreicht wurde. Leistungstreiber geben frühzeitig Aufschluss über Entwicklungen und ermöglichen es dem Unternehmen, frühzeitig auf Änderungen zu reagieren. Der Umsatz ist eine Ergebniszahl, die sagt wie viele Kunden gekauft haben, die Kundenzufriedenheit ist ein Leistungstreiber, der darüber Aufschluss geben kann wie sich die Umsätze künftig entwickeln werden.

Um der Überversorgung mit Informationen zu begegnen, wie sie im Unternehmensalltag üblich ist, verlangt die Balanced Scorecard eine klare Begrenzung der verwendeten Kennzahlen auf ungefähr fünf pro Perspektive. Damit wird erreicht, dass Wichtiges von Unwichtigem unterschieden werden kann. Allerdings ist die Beschränkung auf vier Perspektiven nicht zwingend. Es können geschäftsspezifische weitere Perspektiven hinzugefügt werden (vgl. Kaplan und Norton 1996, S. 34). So wird z. B. vorgeschlagen, eine fünfte Perspektive „Nachhaltigkeit" zu ergänzen, um die immer größere Bedeutung des nachhaltigen Wirtschaftens in der Unternehmenspolitik berücksichtigen zu können (vgl. Epstein und Wisner 2001).

Für die konkrete Auswahl der Kennzahlen werden gemeinhin zwei Kriterien genannt. Jede Kennzahl muss einen Strategiebezug aufweisen, d. h. sie muss einen Einfluss auf den Unternehmenserfolg haben. Außerdem müssen die Kennzahlen durch

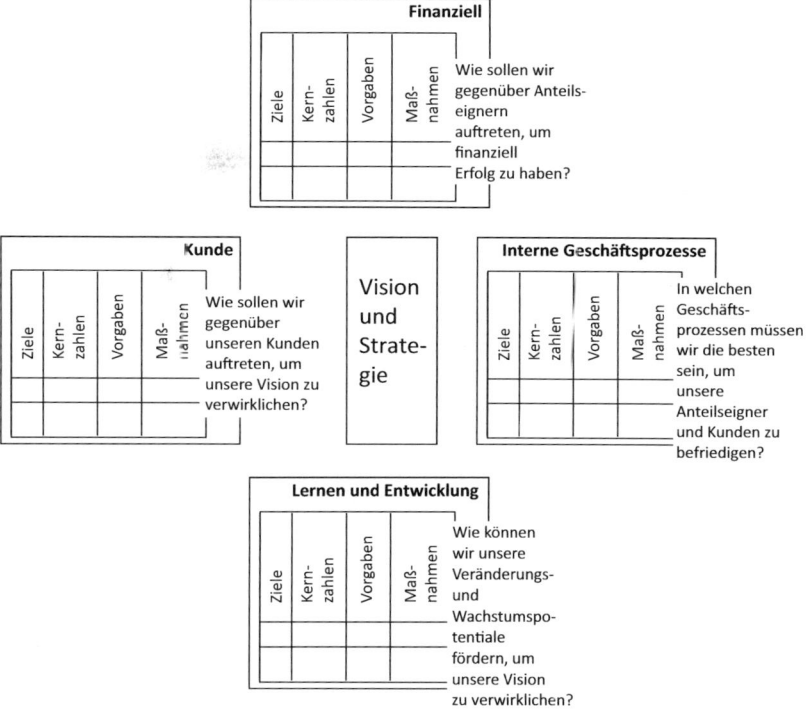

⬛ Abb. 2.5 Die Balanced Scorecard. (Eigene Darstellung in Anlehnung an Kaplan und Norton 1996, S. 9)

das Management beeinflussbar sein. Alle Kennzahlen sollen durch einen Ursache-Wirkungs-Zusammenhang miteinander verbunden werden. Dabei geht es anders als bei dem DuPont Kennzahlensystem nicht um mathematische, sondern um sachlogische Verknüpfungen.

Eine mögliche Ursache-Wirkungskette (⬛ Abb. 2.6) unterstellt, dass ein höheres Fachwissen der Mitarbeiter zu einer größeren Prozessqualität und damit verbunden zu einer schnelleren Prozessdurchlaufzeit führt. Dies wiederum hat zur Folge, dass das Unternehmen termintreu ausliefern kann, was zu einer höheren Kundenzufriedenheit führt. Die Kundenzufriedenheit hat zur Folge, dass die Kunden wiederkommen und weitere Aufträge vergeben, was den finanziellen Erfolg des Unternehmens erhöht, die z. B. an der Umsatzrendite gemessen werden kann. Aufpassen muss man allerdings, dass hier keineswegs ein Automatismus gegeben ist. So kann eine höhere Prozessqualität sehr wohl auch zu langsameren Durchlaufzeiten und damit zu einer tendenziell

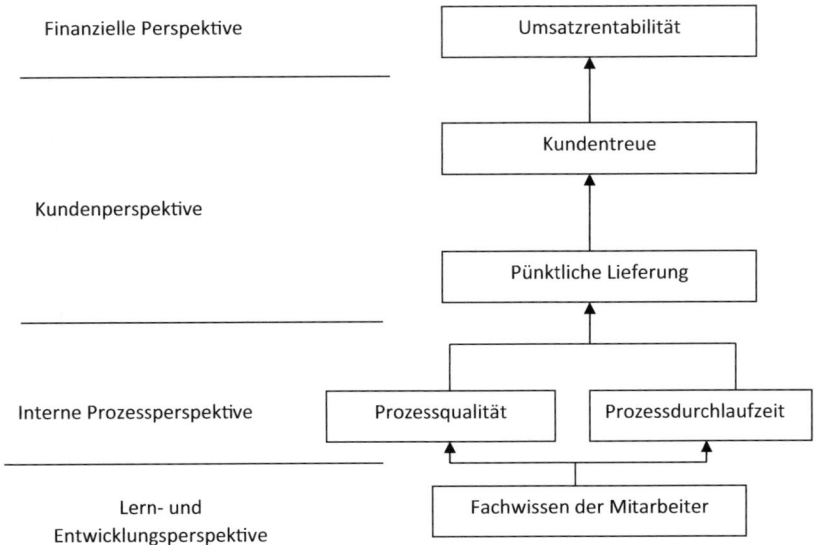

● **Abb. 2.6** Ursache-Wirkungskette in der Balanced Scorecard. (Eigene Darstellung in Anlehnung an Kaplan und Norton 1996, S. 31)

unpünktlicheren Lieferung führen (vgl. Wall 2001, S. 69 ff.), da eine höhere Gründlichkeit oder mehr Kontrollen eingebaut werden.

In der Praxis erweist es sich als schwierig, Ursache-Wirkungsketten zu identifizieren. Man ist auf Erfahrungen angewiesen, die häufig täuschen können. Korrelationen – deren Analyse Kaplan und Norton zur Identifikation von Ursache-Wirkungszusammenhängen vorschlagen – sind nicht mit Kausalitäten zu verwechseln (Brühl 2015, S. 196 f.). Des Weiteren lassen sich den einzelnen Maßnahmen häufig die Kosten zuordnen. So ist es einfach, die Weiterbildungskosten einer Abteilung zuzurechnen. Allerdings ist es schwierig, die Erlöse entsprechend aufzuteilen. Die Frage, wie viele Erlöse durch die Weiterbildungsmaßnahme eines Vertriebsmitarbeiters, zustande gekommen sind, lässt sich schlicht nicht beantworten. Dies wäre aber notwendig, um Kausalitäten für die Balanced Scorecard abzuleiten.

> **Auf den Punkt gebracht: Zur Einführung einer Balanced Scorecard bedarf es der folgenden sechs Schritte (Gleich 2011, S. 80):**
> 1.   **Vision des Unternehmens formulieren.**
> 2.   **Strategie und strategische Ziele formulieren.**
> 3.   **Kennzahlen auswählen, die zur formulierten Strategie passen (valide und reliabel sind).**

4. **Ursache-Wirkungsketten suchen, die Zusammenhänge zwischen strategischen Zielen und Kennzahlen abbilden.**
5. **Kennzahlen in die Balanced Scorecard einbinden.**
6. **Konkrete Ausprägungen für die strategischen Ziele und die ausgewählten Kennzahlen festlegen.**

Durch die Ursache-Wirkungsketten gelingt die Verbindung von operativen und strategischen Elementen. In der Praxis werden viele Kennzahlen, die Bestandteil der Scorecard sind, aus dem Bereich des operativen Managements genommen. Dies ist auch sinnvoll, da nur so die Frühwarnfunktion auch tatsächlich übernommen werden kann. Hier hilft auch die Abkehr von der rein finanziellen Betrachtungsweise: Die finanziellen Erfolgsgrößen können erst auf hoher Ebene von den Mitarbeitern auch tatsächlich beeinflusst werden, nicht finanzielle Größen aus der Prozess-, der Kunden- oder Lern- und Entwicklungsperspektive können aber sehr wohl auch im operativen Bereich von Mitarbeitern aller Hierarchiestufen beeinflusst werden. Damit wird auch der Beitrag dieser Hierarchieebenen zur Unternehmensstrategie deutlicher.

Kaplan u. Norton verstehen die Balanced Scorecard nicht allein als Instrument zur Ergebnismessung. Sie verstehen es vielmehr als ein Instrument, was zur Umsetzung von Strategien angewendet werden soll. Ein Einsatz ist demnach erst sinnvoll, wenn eine Strategie formuliert worden ist. In einem ersten Schritt sind Ziele zu formulieren, die die Umsetzung der Strategie konkretisieren. Die im zweiten Schritt zu wählenden Kennzahlen, die auf der Balanced Scorecard abgebildet werden, müssen mit diesen Zielen in einem engen Zusammenhang stehen und müssen als Maß der Zielerreichung aufgefasst werden. In der Balanced Scorecard werden sodann die Ist-Werte der Kennzahlen gemessen und mit den Soll-Werten verglichen. Schließlich müssen Maßnahmen abgeleitet werden, wie die Diskrepanz zwischen Soll und Ist verringert bzw. aufgehoben werden kann (**Action Control**). Dabei ist es wichtig, dass das Ziel einer Balanced Scorecard über Messung und Kontrolle, wie es traditionelle Kennzahlensysteme vorsehen, hinausgehen soll. Kommunikation, Lernen und Information soll durch die Scorecard erreicht werden (Kaplan und Norton 1996, S. 56), beispielsweise dadurch, dass die Kennzahlen und deren Stand allen Mitarbeitern regelmäßig kommuniziert werden.

Um die Funktion der Strategieumsetzung erfüllen zu können, soll die Balanced Scorecard auch in der Bemessung der variablen Vergütung verwendet werden (vgl. Kaplan und Norton 2001). Damit kann das strategische Ziel operativ auch im Bereich des mittleren Managements Beachtung finden. Die Balanced Scorecard stellt ein einfaches Mittel dar, mit dem diese Ziele an die Mitarbeiter vermittelt werden können. Voraussetzung ist allerdings, dass objektiv messbare Kennzahlen verwendet werden und keine Kennzahlen, deren Messung stark vom Wohlwollen des beurteilenden Managers abhängt.

Mit der Einführung einer Balanced Scorecard sind vielfältige Veränderungen der Anreizstrukturen für alle Mitarbeiter verbunden. Aus diesem Grund sind Einführungsprojekte häufig mit Akzeptanzproblemen verbunden. Insbesondere, wenn tatsächlich die variable Vergütung mit der Balanced Scorecard verknüpft wird. Der Auftrag für eine Einführung kann daher nur von dem Top-Management des Unternehmens kommen. Eine Einbeziehung von Beratern kann sinnvoll sein, um damit einen objektiven Blick von außen in das Unternehmen sicherzustellen.

Auch wenn die Balanced Scorecard eine große Verbreitung und Anhängerschaft in der gesamten Managementliteratur gefunden hat, ist die praktische Anwendung deutlich geringer. Eine empirische Studie (vgl. Speckbacher et al. 2003) hat ergeben, dass von den 200 größten deutschen Aktiengesellschaften lediglich 24 % die Balanced Scorecard verwenden und gar nur 7 % sie als Instrument des strategischen Managements anwenden.

2.6 Lern-Kontrolle

Kurz und bündig

Die Informationsfunktion ist zentral für das Controlling, da auf ihr auch die anderen Controllingfunktionen aufbauen. Wesentliche Informationsquelle ist das Rechnungswesen, welches sich in das externe (gesetzlichen Bestimmungen entsprechendes an außerhalb des Unternehmens stehende Adressaten richtende) und das interne Rechnungswesen gliedert. Das interne Rechnungswesen wird auch als Kosten- und Leistungsrechnung bezeichnet. In der traditionellen Sicht werden die anfallenden Kosten möglichst verursachungsgerecht auf die Kostenträger (Produkte, Zeiteinheiten) zugerechnet. Die Vollkostenrechnung erweist sich in bestimmten Situationen als ungeeignet für die Erstellung von Entscheidungsgrundlagen, daher wurde die Teilkostenrechnung entwickelt, die die fixen Kosten erst in verschiedenen Stufen berücksichtigt (Deckungsbeitragsrechnung).

Moderne Formen der Kosten- und Leistungsrechnung befassen sich nicht nur mit der Erfassung von angefallenen Kosten sondern wollen schon einen Beitrag zur Steuerungsfunktion des Controllings leisten. Die Prozesskostenrechnung strebt an, die Gemeinkosten verursachungsgerechter auf die Kostenträger zu verrechnen und dabei schon Potentiale zur Kostenoptimierung aufzuzeigen. Das Target Costing geht von dem maximal am Markt durchsetzbaren Preis aus und ermittelt die höchstens tragfähigen Kosten.

Informationen werden zu Kennzahlen und Kennzahlensystemen aufbereitet. Sie helfen Entscheidungsträgern schnell und zielgenau zu erkennen, welche Entwicklung das Unternehmen nimmt bzw. genommen hat. So wird die Entscheidungsfindung im Unternehmen erleichtert. Häufig reicht dabei die Konzentration auf eine einzelne Kennzahl nicht aus, da sie die Situation nicht vollständig abbildet. Aus diesem Grund wurden Kennzahlensysteme wie das DuPont Kennzahlenschema entwickelt. Bei der Balanced Scorecard handelt es sich um ein Kennzahlensystem, das zum strategischen Controlling gehört. Hier werden auch nicht-finanzielle Kennzahlen verwendet, die helfen sollen, Fehlentwicklungen zu identifizieren bevor sie sich in den Zahlen des Rechnungswesens niederschlagen.

❷ Let's check

Überlegen Sie, ob die folgenden Aussagen richtig oder falsch sind:

- Unternehmen müssen ein internes Rechnungswesen vorhalten, um den gesetzlichen Anforderungen zu genügen.
- Nach den IFRS wachsen internes und externes Rechnungswesen durch den Management Approach zusammen.
- Die Kostenstellenrechnung verteilt die angefallenen Kosten auf Produkte.
- Die Teilkostenrechnung führt bei kurzfristigen Preisentscheidungen und hohen Fixkosten zu besseren Ergebnissen als die Vollkostenrechnung.
- Ist der Deckungsbeitrag I in der mehrstufigen Deckungsbeitragsrechnung negativ sollte sich das Unternehmen um höhere Absatzmengen bemühen.
- In der Prozesskostenrechnung werden die Gemeinkosten durch die Prozessbetrachtung gerechter auf die Kostenträger verrechnet.
- Das Target Costing dreht die Sichtweise der traditionellen Kostenrechnung um: Berechnet werden die maximal tragbaren Kosten und nicht die angefallenen Kosten.
- Der Fair Value nach IFRS muss immer dann analytisch vom Controlling berechnet werden, wenn keine Marktpreise vorhanden sind (bzw. vergleichbare Preise nicht zu ermitteln sind).
- Gliederungszahlen stellen zwei verschiedene Größen in Beziehung miteinander.
- Häufig führen Kennzahlensysteme zu besseren Entscheidungsgrundlagen, da einzelne Kennzahlen zu stark vereinfachen.
- Die Liquidität 1. Grades sollte sinnvollerweise bei 3 oder mehr liegen.
- Bei Betrachtung des EBIT lassen sich Unternehmen verschiedener nationaler Herkunft besser vergleichen.
- Der RoI ist die Spitzenkennzahl im DuPont Kennzahlenschema.
- Bei der Balanced Scorecard werden ausschließlich finanzielle Kennzahlen verwendet.

❷ Vernetzende Aufgaben

1. Es ist dargestellt worden, wieso die Teilkostenrechnung kurzfristig bessere Entscheidungen unterstützt. Überlegen Sie, welche Nachteile bei alleinigem Einsatz der Teilkostenrechnung in einem Unternehmen auf dem Markt entstehen können!
2. Stellen Sie mögliche sinnvolle Kennzahlen für die vier Perspektiven der Balanced Scorecard für ein online Handelsunternehmen aus dem Bereich Mode dar!
3. Stellen Sie Beispiele zusammen, in denen (im deutschen HGB) Wahlrechte den Jahresabschluss aus dem externen Rechnungswesen als Informationsgrundlage für betriebliche Entscheidungen verfälschen können!

ℹ Lesen und Vertiefen

– Schweitzer, M et al. (2015) Systeme der Kosten- und Erlösrechnung. 11. Auflage, Vahlen, München.

   Das Buch erläutert die Kosten- und Leistungsrechnung als Basis des Controllings ausführlich und mit allen modernen Entwicklungen erläutert.

– Reichmann, T et al. (2017) Controlling mit Kennzahlen. 9. Auflage, Vahlen, München.

   Dieses Werk beschreibt die Ableitung und Interpretation von Kennzahlen als wesentliche Funktion des Controllings. Hier finden sich ausführliche Erklärungen zu den wichtigsten Kennzahlenkonzeptionen.

– Brösel, G (2017) Bilanzanalyse. Unternehmensbeurteilung auf der Basis von HGB- und IFRS-Abschlüssen. 16. Auflage, Erich Schmidt Verlag, Berlin.

   Dieses Buch betont stärker die Verankerung von Kennzahlen im externen Rechnungswesen. Es eignet sich daher zur Vertiefung von Studierenden, die sich bereits mit den Fragen des externen Rechnungswesens befasst haben.

Die Steuerungsfunktion des Controllings

3.1   **Begriff der Planung** – 63

3.2   **Funktionen und Risiken der Planung** – 68

3.3   **Ziele als Basis der Planung** – 71
3.3.1   Zielbildung – 71
3.3.2   Empirische Befunde zur Zielsetzung in Unternehmen – 75
3.3.3   Beispiele für Zielsetzungen – 76
3.3.4   Ableitung der Zielhöhe – 83

3.4   **Ablauf des Planungsprozesses** – 85

3.5   **Anreizprobleme durch Planung** – 88
3.5.1   Das Problem der hidden information – 88
3.5.2   Das Weitzmann-Schema – 91

3.6   **Alternative Planungsansätze** – 93

3.7   **Lern-Kontrolle** – 95

© Springer Fachmedien Wiesbaden GmbH 2018
S. Behringer, *Controlling*, Studienwissen kompakt,
https://doi.org/10.1007/978-3-658-18380-6_3

3

Lern-Agenda

Die Steuerungsfunktion des Controllings versucht das Verhalten der Mitarbeiter zu steuern und zu koordinieren. Zentrales Instrument dazu ist die Planung, die auch die Basis der Kontrollfunktion, also dem Abgleich von Soll und Ist darstellt. Dadurch kann das Controlling überprüfen, ob das Unternehmen auf dem richtigen Kurs ist oder Maßnahmen zur Korrektur ergriffen werden müssen. In der Planung ergeben sich vielfache Probleme: Wie soll die Planung beschaffen sein, wer soll an ihrer Entstehung beteiligt sein und wie stellt man sicher, dass die Planungsbeteiligten ihre Angaben nicht missbräuchlich verfälschen. Die Gefahr, dass es zu Verfälschungen kommt, liegt insbesondere in der Verbindung zur variablen Vergütung begründet. Besonderes Augenmerk wird in der Planung auf die Ableitung von Zielen gelegt. Das Unternehmen muss festlegen, in welche Richtung es geht. Die Aussage „das Unternehmen muss ..." zeigt schon das erste Problem: Wer legt die Ziele fest? Die abstrakte Einheit „Unternehmen" kann dies nicht tun. Personen müssen für das Unternehmen handeln. Danach stellt sich die Frage, welche Zielgrößen relevant sind und wie man die Zielhöhe konkret bestimmt.

Die Steuerungsfunktion des Controllings: Planung

Begriff der Planung	Was bedeutet Planung? Wie sieht ein Planungsprozess aus? Welche Elemente sollte eine Planung mindestens enthalten?	▶ Abschn. 3.1
Funktionen und Risiken der Planung	Welche Funktionen übernimmt die Planung? Welche Risiken entstehen daraus?	▶ Abschn. 3.2
Ziele als Basis der Planung	Was sind Ziele? Wie leitet man ein gutes Ziel ab? Was sind mögliche Zielgrößen? Welche Ziele setzen sich Unternehmen in der Praxis?	▶ Abschn. 3.3
Ablauf der Planung	Welche Rolle übernimmt das Management in der Planung? Welche Rolle übernimmt das Controlling? Welche Abteilungen sind in welcher Weise in den Planungsprozess involviert?	▶ Abschn. 3.4
Anreizprobleme durch Planung	Welche Probleme entstehen durch die Verbindung von Anreizen und Planung? Wie kann man diese Probleme lösen?	▶ Abschn. 3.5
Alternative Planungsansätze	Welche Alternativen gibt es zu den etablierten Planungsverfahren?	▶ Abschn. 3.6

3.1 Begriff der Planung

Planung ist ein Kernelement vieler betriebswirtschaftlicher Teildisziplinen. So spricht man von Marketingplanung, Fertigungsplanung oder Finanzplanung. Ausgangspunkt einer Planung ist das Vorliegen eines Systems, d. h. einer Gesamtheit von Elementen, die miteinander in Beziehung stehen. Ein solches System ist z. B. ein mittelständisches Unternehmen, das in einer Einzelunternehmung organisiert ist, oder aber ein Großkonzern, der aus vielen unterschiedlichen rechtlichen und organisatorischen Einheiten besteht. Startpunkt der Planung ist, dass der Zustand dieses Systems von einer Person (dies können der Planer selbst, sein Vorgesetzter also der Manager oder der Eigentümer sein) als nicht zufriedenstellend oder verbesserungsfähig bzw. aufgrund externer Vorgaben als nicht mehr angemessen empfunden wird. Folglich gibt es einen Unterschied zwischen dem derzeitigen bzw. zukünftig erwarteten Zustand und dem erstrebten durch Ziele beschriebenen künftigen Zustand (vgl. Klein und Scholl 2004, S. 1). Die Planung soll durch Ableitung von Handlungsfeldern dabei helfen, den Zustand des Status quo in den angestrebten Zustand zu überführen. Planung ist „prospektives Denkhandeln" mit dem „zukünftiges Tathandeln" vorweggenommen werden soll (Kosiol 1967, S. 79).

> ❯ **Auf den Punkt gebracht: Planung befasst sich mit der Gestaltung der Handlungen, die notwendig sind, um vom jetzigen, nicht als optimal empfundenem, Zustand zum gewünschten Zustand zu gelangen. Damit ist sie Kernbestandteil der Steuerungsfunktion des Controllings.**

Aus diesen Überlegungen folgt, dass man nur diejenigen Dinge planen kann, die man auch durch Taten beeinflussen kann. Es ist unlogisch Dinge zu planen, die von außen vorgegeben werden. So kann man das Wetter nicht planen. Man muss es als gegeben hinnehmen. Hierfür wird der Begriff der **Prognose** verwendet. Prognosen und Planungen stehen allerdings in einem engen Zusammenhang. Rahmendaten, die die Planungen beeinflussen werden prognostiziert. So sollten externe Faktoren wie Kundenverhalten, Marktentwicklungen, volkswirtschaftliche Trends z. B. Konjunktur, Inflation oder Gehaltsentwicklungen prognostiziert werden, weil sie Auswirkungen auf die Unternehmensplanung haben.

Planung findet sowohl für operative als auch für strategische Zwecke statt. Die strategische Planung umfasst einen Zeithorizont zwischen drei und fünf Jahren. Das Erfordernis auch weit in der Zukunft liegende Ereignisse zu berücksichtigen ergibt sich aus der Tatsache, dass Ereignisse in der Zukunft den Erfolg heutiger unternehmerischer Maßnahmen beeinflussen. Die strategische Unternehmensplanung versucht durch prospektives Denkhandeln die mit dieser Tatsache verbundene Unsicherheit „in den Griff" zu bekommen (Albach 1968, S. 3). Die operative Planung konkretisiert die strategische Unternehmensplanung. Sie ist ihr „Vollzugsinstrument" (Schreyögg und

Koch 2010, S. 138). Der Zeithorizont der operativen Planung ist deutlich kürzer. Im Regelfall gilt ein Jahr als Maximum des operativen Planungshorizonts. Teilweise ist der operative Planungshorizont aber auch deutlich kürzer: So wird eine Cash-Planung, bei der finanzielle Mittel und fällige Verbindlichkeiten in Deckung gebracht werden sollen, über einen Tag gemacht; Produktionsplanungen können teilweise nur einen Horizont von wenigen Stunden haben (z. B. die Terminplanung bei einem Dienstleistungsbetrieb). Strategische und operative Planung haben häufig als primären Gegenstand Mengen-, Längen- oder Zeitangaben. Diese Größen werden mit Preisen in Geldgrößen transformiert, so dass die Finanzplanung resultiert. Sie hat den Zweck zum einen das Ergebnis des Unternehmens zu planen, aber zum anderen muss auch die ausreichende Ausstattung des Unternehmens mit Zahlungsmitteln (Liquidität) sichergestellt werden. Dafür ist es wichtig zu wissen, welche Zahlungsverpflichtungen auf das Unternehmen zukünftig zukommen. Dies wird durch die Planung erreicht. Die Erstellung von strategischer und operativer Planung sowie der Finanzplanung überlappen sich und wirken aufeinander ein. Wenn auch gedanklich zunächst ein strategischer Plan, dann ein operativer Plan und zuletzt die Finanzplanung steht, ist dieses Vorgehen in der Praxis häufig anders. Es ergibt sich aus der operativen Planung das Erfordernis für strategische Maßnahmen. Die Finanzplanung ist nicht nur eine Resultierende der strategischen und operativen Planung, sie macht auch Vorgaben, da finanzielle Mittel häufig der Engpass für strategische und operative Maßnahmen sind.

Gegenüber improvisierten, also ungeplanten Entscheidungen, erwartet man von einer systematischen Planung wesentliche Vorteile. Planung hilft, Fehlentscheidungen zu vermeiden, schafft Steuerungsmöglichkeiten durch die Vorgabe von Zielen und erhöht durch die Koordination und Zielorientierung die Erfolgsaussichten der Unternehmung. Pläne binden die Umsetzenden durch die verbindliche Vorgabe von Zielen; nicht aber – wie bei der Koordination durch fixierte Programme – hinsichtlich der Details des Prozesses zur Zielerreichung.

Betriebswirtschaftliche Studien haben sich lange mit der Frage auseinandergesetzt, ob Planung einen positiven Effekt auf das Ergebnis eines Unternehmens hat oder nicht. In einer Metastudie von 18 Untersuchungen haben Miller und Cardinal (1994) festgestellt, dass es einen positiven Zusammenhang zwischen Planaktivitäten und Ergebnis des Unternehmens gibt, selbst in turbulenten Umgebungen, bei denen man eigentlich von einer negativ wirkenden Rigidität der Planvorgaben ausgehen könnte. In einer Wiederholung der Metaanalyse aus dem Jahr 2015 bestätigen Cardinal et al. (2015) das grundsätzliche Ergebnis des positiven Zusammenhangs von Planung und Unternehmenserfolg grundsätzlich, es werden jedoch neben methodischen Schwierigkeiten (insbesondere der undifferenzierten Behandlung von unterschiedlichen Planungsansätze und unterschiedlichen Ansätzen zur Messung des Unternehmensergebnisses) auch zahlreiche inhaltlich Auffälligkeiten festgestellt. So haben Planungen in Emerging Markets eine geringere Erfolgswirkung als in etablierten Volkswirtschaften. Ebenfalls haben nach Branchen differenzierte Ergebnisse durchaus unterschiedliche Aussagen.

▫ Abb. 3.1 Phasen des Planungsprozesses. (Eigene Darstellung in Anlehnung an Küpper et al. 2013, S. 132)

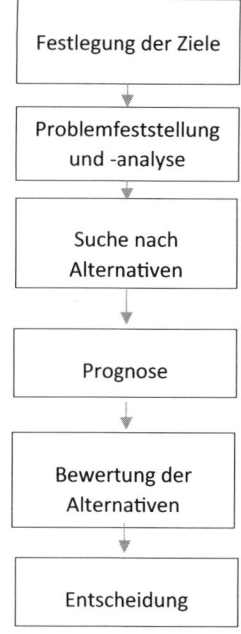

Planung lässt sich gedanklich in die in ▫ Abb. 3.1 dargestellten Phasen unterteilen. Allerdings werden die einzelnen Phasen in der betrieblichen Realität häufig nicht streng hintereinander durchgeführt. Vielfach laufen die Planungsphasen parallel.

Der Planungsprozess beginnt mit der **Zielbildung**. Ausgehend von den strategischen Zielen werden diese in operative Ziele zerlegt. Die operativen Ziele müssen so beschaffen sein, dass sie die Erreichung der strategischen Ziele unterstützen. Die Ziele müssen operational sein, im Wesentlichen messbar. Ein messbares Ziel ist z. B. eine Gewinnsteigerung gegenüber dem Vorjahr um 10 % zu erreichen. Ein ungeeignetes Ziel, da nicht messbar, wäre die Formulierung „den Gewinn deutlich zu steigern". Normalerweise werden mehrere Ziele festgelegt. So kann es im Sinne eines Unternehmens sein, die Marktanteile zu steigern und den Gewinn. Diese beiden Ziele sind nicht zwangsläufig vollkommen kompatibel miteinander. Die Ausweitung von Marktanteilen kann in Konflikt mit dem Gewinnziel stehen, da z. B. eine Niedrigpreisstrategie zur Erhöhung des Marktanteils führen kann. Für solche Konstellationen muss für die Ziele ihre relative Wichtigkeit festgelegt werden, also wie wichtig eine Marktausweitung um x % im Verhältnis zu einem Gewinnzuwachs in Höhe von Y Euro ist.

Der eigentliche Planungsprozess wird durch die Feststellung eines Problems ausgelöst. Ein Zustand wird als nicht befriedigend empfunden. Worin diese Unzufriedenheit be-

gründet liegt, wird durch die **Problemanalyse** untersucht. Für operative Controllingpro-
zesse ist es üblich, dass die Unzufriedenheit durch den vorherigen Soll-Ist Vergleich (siehe
▶ Kap. 4) ausgelöst wird, bei dem eine Abweichung von vorherigen Planvorgaben ausgelöst wird. Der geplante Gewinn wird nicht erreicht, es müssen Maßnahmen ergriffen
werden, die diesen Zustand verbessern helfen. Dies löst einen neuen Planungsprozess aus.
Die Problemanalyse geht häufig einher mit einer ersten Suche nach Lösungen.
Durch Konkretisierungen der möglichen Aktionen werden daraus Alternativen. Die
Auswirkungen einer Alternative werden im Rahmen der Prognose dargestellt – was
passiert, wenn diese Alternative gewählt wird. Am Ende des Planungsprozesses steht
die Bewertung der Alternative. Die Bewertung berücksichtigt die Zielerreichung der
zu Beginn festgelegten Ziele. Im Rahmen der Entscheidung sollte dann die beste Alternative gewählt werden.

Zu einem Plan gehören in der Regel die folgenden Bestandteile (vgl. Wild 1974,
S. 49):
- Problemstellung
- Planziele
- Prognostizierte Wirkungen
- Verfügbare Ressourcen (finanzielle, personelle oder sächliche Ausstattung zur
  Lösung des Problems)
- Einzelmaßnahmen und Kombination der einzelnen Maßnahmen zu einem
  Maßnahmenbündel
- Planungsträger und Planungsverantwortliche
- Zeitliche Bedingungen und Termine
- Annahmen und Prämissen
- Angaben zu Verbindungen zu anderen Planungen.

In der Praxis enthalten nicht alle Unternehmensplanungen explizit alle diese Elemente.
Allerdings finden sie sich in den meisten Planungen zumindest implizit wieder (beispielsweise als vorausgesetzte aber nicht erwähnte Annahme). Grundlegende Aufgabe
ist es von einem Ausgangszustand zu einem Zielzustand zu gelangen.

Problemstellungen, die durch Planung dargestellt werden können, können sowohl
sehr bedeutend und umfangreich als auch klein sein. Bei Letzteren findet die Planung
häufig nur im Kopf des planenden Mitarbeiters statt ohne, dass sie formal dokumen-
tiert wird. Beispiele für Problemstellungen sind:
- Entscheidung über die Gründung eines Unternehmens
- Entscheidung über Höhe und Zeitpunkt einer Preiserhöhung
- Schichtplan für die Mitarbeiter einer Abteilung
- Planung der notwendig aufzunehmenden Geldmittel bei Banken etc.

Durch die Beispiele wird deutlich, dass nicht nur im Controlling geplant wird. In
allen Abteilungen eines Unternehmens findet Planung statt. Das Controlling ist für

den Unternehmensgesamtplan zuständig, in dem die einzelnen Teilpläne (Personal-, Marketing-, Produktionsplan etc.) in finanzielle Größen umgewandelt werden. Am Ende der Unternehmensplanung steht ein geplanter Jahresabschluss, in dem die Rechenwerke, die vergangenheitsorientiert von dem Unternehmen erstellt werden, für einen künftigen Zeitraum aufgestellt werden. Die Unternehmensplanung, wie wir sie hier verstehen, ist also eine finanzielle Planung, die aber auf anderen quantitativen Größen (Mengen, Zeiten etc.) basiert.

Planungsträger sind Controlling und Management gemeinsam, wobei beide unterschiedliche Rollen übernehmen. Das Controlling hat die Kernaufgabe, die Rationalität der Führung zu sichern. Dabei spielt die Planung und die auf ihr aufbauende Kontrolle der Unternehmenseinheiten eine wichtige Rolle. Planung ist mithin auch Kernaufgabe des Controllings. Entscheidungen über die Planinhalte müssen allerdings vom Management getroffen werden, so dass abgegrenzt werden muss, welche Planungsaufgaben im Controlling vorgenommen werden und welche Planungsaufgaben das Management übernehmen muss.

Die eigentliche Planung, also die sachliche und fachliche Ausgestaltung des Plans, liegt beim Management. Der Controller übernimmt im Wesentlichen die Aufgaben der Planungsunterstützung und des Planungsmanagements. Der Controller wird i. d. R. die sachlichen Vorstellungen des Managements in einen Plan überführen, d. h. die qualitativen Vorgaben werden durch das Controlling in monetäre Größen übersetzt. Hierbei ist es auch Aufgabe eines Controllers, die gemachten Prämissen zu hinterfragen und ihre Belastbarkeit zu prüfen. Außerdem wird während des Prozesses der Entstehung des Plans von Controllern erwartet, dass sie Vorabstimmungen vornehmen. Das häufig theoretisch vorzufindende Bild eines isoliert entstehenden Planes ist insbesondere bei komplexen oder großen Unternehmen irreal. Die Interessen und Vorstellungen von einzelnen Unternehmensteilen gehen in die Planentstehung ein. Dabei müssen die einzelnen Teilplanungen aufeinander aufbauen und zueinander passen. Es ist Aufgabe des Controllers, dies vorzubereiten und soweit wie möglich abzustimmen (vgl. Weber und Schäffer 2016, S. 269).

> **Merke!**
>
> Für den Inhalt des Plans ist das Management zuständig. Controller unterstützen dabei, insbesondere durch die Übernahme des Planungsmanagements.

In der Praxis übernimmt das Controlling die Funktion, die Planung zu organisieren. Controller sorgen für Dateien bzw. Systeme, über die die Planung abgewickelt wird. Sie setzen und überwachen Fristen zur Abgabe, Überarbeitung und Entscheidung der Pläne. Sie beraten das operative und strategische Management bei der Planerstellung, beantworten deren Fragen und sichern die Koordination und Orientierung auf die Gesamtzielsetzung des Unternehmens der Planinhalte begleitend zur Planerstellung ab. Liegt der erste Entwurf des Plans vor, stellt das Controlling den Gesamtplan zusammen, führt eine erste Plausibilisierung durch, die eventuell zu Änderungswünschen an die Abteilungen führen kann, und erstellt die Präsentationsvorlagen für das Top-Management. In vielen Unternehmen übernimmt der Leiter des Controllings auch die Präsentation des ersten Planungswurfs, wobei der Controller hier seiner Rolle gemäß nicht als Verantwortlicher für die Planinhalte auftreten sollte, sondern als Überbringer und Interpret der Planung.

3.2 Funktionen und Risiken der Planung

Die Planung übernimmt in Unternehmen mehrere wichtige Funktionen, die sich auch in den auf Planung von Controllern und Managern verwandten Zeitspannen deutlich zeigt (vgl. Weber et al. 2009, S. 90 ff.). Beide Gruppen verwenden einen großen Teil ihrer Arbeitszeit auf den Planungsprozess. Auch das Management ist bereit, sich ausführlich mit Fragen der Planung zu befassen, was auf die Wichtigkeit des Planungsprozesses schließen lässt. Konkret übernimmt Planung insbesondere die folgenden Funktionen (vgl. Steinmann und Schreyögg 2005, S. 333 ff.):

- Man denkt über zukünftig erzielbare Erfolge nach. Das Management wird dazu gezwungen, präzise und in Geldwerten Handlungen der Zukunft abzuleiten. Damit erhält das Management eine stärkere **Zukunftsorientierung** und kann früher auf sich ändernde Umweltbedingungen reagieren. Dies ist wichtig, um das Unternehmen langfristig und nachhaltig wettbewerbsfähig zu halten. Viele Entwicklungen, die Auswirkungen auf das Unternehmen haben, sind nicht unmittelbar erkennbar. So war es für Unternehmen der Fotobranche lange Zeit völlig undenkbar ihren Hauptwettbewerb von Herstellern aus dem Bereich Telekommunikation zu bekommen. Von der Entwicklung von Fotofunktionen auf Mobiltelefonen wurden viele Fotohersteller überrascht. Nimmt man sich die Zeit, um systematisch über zukünftige Entwicklungen nachzudenken, erhöht sich die Wahrscheinlichkeit, relevante Trends zu erkennen. Die Planung wird so zu einem **Frühwarnsystem** für das Unternehmen. Man erkennt in dem Prozess Risiken, die die künftige wirtschaftliche Lage gefährden können.
- Die Planung führt zu einer **Koordination** aller Aktivitäten im Unternehmen. Alle Unternehmensteile werden während der Jahresplanung gezwungen, miteinander zu sprechen und ihre Teilpläne aufeinander abzustimmen. Das zentrale Controlling hat die Möglichkeit, die Teilbereiche aufeinander abzustimmen und nicht koordiniertes, ineffektives Handeln zu verhindern. Man kann sich vorstellen, was unkoordinierte Aktivitäten für Schäden auslösen können. Bewirbt die Marketingabteilung beispielsweise eine Produktlinie, die von der Produktion aus dem Programm genommen wird, entsteht wirtschaftlicher Schaden durch verschwendete Mittel, es kommt aber wahrscheinlich auch zu Reputationsverlusten,

da Kunden unglücklich sind, wenn sie die gewünschten Produkte, die sie aus der Werbung kennen, nicht mehr kaufen können. Die Koordinationsfunktion der Planung war auch für die Etablierung der Controllerfunktion in Unternehmen verantwortlich. In amerikanischen Unternehmen wurden erste Controllerstellen eingerichtet nachdem die Komplexität durch die Unternehmensgröße gesteigert wurde und folglich die Koordination notwendiger wurde (vgl. Stoffel 1995, S. 8). Dies zeigt sich auch in einer empirischen Beobachtung: Je größer ein Unternehmen ist, desto mehr Controllerstellen gibt es (vgl. Küpper et al. 2013, S. 668). Nicht vernachlässigt werden, sollte jedoch, dass größere Controllingabteilungen zu größerer Koordination untereinander führen müssen. Ist die erste Phase des Planungsprozesses vorüber, so muss der Controller den ersten Planentwurf auf Stimmigkeit prüfen. Es muss endgültig festgestellt werden, ob die einzelnen Annahmen tatsächlich zueinander passen. Ausgangspunkt dieser Prüfung ist der Engpass, also derjenige Sachverhalt, der das Gesamtunternehmen und seine Entwicklung limitiert. Dies ist in einem marktwirtschaftlichen System normalerweise der Absatz. Produziert werden kann grundsätzlich eine große Menge, die Kunden bestimmen durch ihre Nachfrage wie viel tatsächlich abgesetzt und damit auch sinnvollerweise produziert wird. Denkbar sind allerdings auch Szenarien, in denen die Beschaffung oder die Produktion der limitierende Faktor sind, z. B. der Einkauf eines Rohstoffs. So war die Beschaffung von Silizium zeitweise der Engpass bei der Produktion von Solarzellen. In der Regel muss die Planung aber absatzorientiert sein. Dass alle Teilpläne auf den Minimumsektor abgestimmt werden müssen, bezeichnet man als **Ausgleichsgesetz der Planung** (vgl. Gutenberg 1983, S. 163 ff.). Das führt auch dazu, dass sich sobald eine Planannahme ändert der ganze Planungsdurchlauf von vorne beginnen muss

▬ Eng verbunden mit der Koordination ist die **Förderung der Kommunikation**. Die einzelnen Unternehmensteile werden gezwungen, miteinander zu reden und Informationen auszutauschen. Dadurch ergibt sich für das zentrale Management, aber auch für die einzelnen Abteilungen selbst, die Möglichkeit, Engpässe zu identifizieren, die einer besonderen Aufmerksamkeit, z. B. durch Investitionen, bedürfen. Die Planung bietet in der Praxis die Bühne für die umfassende Diskussion über alle geschäftsrelevanten Fragestellungen im Unternehmen. Sie hat dabei analog zur Haushaltsdebatte in der Politik die Funktion einer Generaldebatte – je nach Ausgestaltung des Planungssystems nur von oben nach unten oder auch von unten nach oben. Die Planung führt mithin dazu, dass die einzelnen Abteilungen miteinander reden und gemeinsam Ideen entwickelt werden, wie den Herausforderungen der Zukunft begegnet werden kann.

▬ Nicht zu unterschätzen ist die Bedeutung der Planung als Messlatte für Manager. Planung hat eine **Vorgabefunktion** und gibt so den Mitarbeitern auf allen Hierarchieebenen Auskunft darüber, welche Beiträge zum Unternehmenserfolg von ihnen erwartet werden. Abweichungen vom Budget nach oben können mit Belohnungen verbunden sein, z. B. durch die Bindung des Einkommens oder eines Einkommensbestandteils an die Erreichung der Budgetvorgaben. Abweichungen vom Budget nach unten können demgegenüber mit Sanktionen verbunden sein. Dies ist insbesondere bei der Festlegung der **variablen Vergütung** von Bedeutung. Untersuchungen zeigen, dass Geschäftsführer und andere Führungskräfte einen ganz überwiegenden Teil ihrer Vergütung in variabler Form erhalten. Die konkrete Auszahlung der Vergütung wird abhängig gemacht von der Planerreichung. Wie noch gezeigt wird, bekommt damit die Planung eine teilweise problematische Doppelfunktion. Während die Koordinations- und Kommunikationsfunktion der Planung genauso wie der durch sie ausgedrückte Zukunftsbezug kreative und konstruktive Aspekte mit sich bringen, verführt die Vergütungsfunktion dazu, die Messlatte so festzulegen, dass sie leicht erzielt wird und damit eine erhöhte Vergütung leicht realisiert wird. Ein weiterer Zweck der Planung in diesem Zusammenhang ist die Information der Mitarbeiter: Im Zuge ihrer Beteiligung an der Planung erfahren sie, welche Restriktionen, Termine oder Entscheidungen es gibt.

Merke!

Die wesentlichen **Planungsfunktionen** sind das Nachdenken über die Zukunft, die Koordination von dezentralen Aktivitäten innerhalb eines Unternehmens, die Förderung der Kommunikation im Unternehmen und die Motivationsfunktion durch Zielvorgaben für Mitarbeiter unterschiedlicher Hierarchieebenen.

Neben der bereits genannten Gefahr, dass Pläne ihre kreativen zukunftsweisenden Funktionen durch die Vermischung mit der Bemessung der variablen Vergütung nicht mehr richtig erfüllen können, entsteht auch die Gefahr eines zu ausgeprägten Budgetdenkens, wie es z. B. im öffentlichen Dienst häufig anzutreffen ist. Das Budget muss genau erfüllt werden. Chancen zur Übererfüllung werden ausgelassen, da es negative (zu hohe künftige Ziele) Folgen für die späteren Zielbemessungen haben könnte. Außerdem kann ein starres Festhalten an Plänen dazu führen, dass Fehlentscheidungen getroffen werden. Nach Planerstellung können sich die Rahmenbedingungen unternehmerischen Handelns verändert haben, so dass eine Handlung nach Plan nicht mehr angemessen ist. Zu starres Festhalten an Planungen bzw. blinde Planungsgläubigkeit können zu mangelnder Flexibilität führen.

Als weiteres Problemfeld wird die große Komplexität von Unternehmen gesehen. Die Idee alle Entwicklungen zu planen und damit die Zukunft zu beherrschen, scheitert zwangsläufig an der Schwierigkeit alle Einflussfaktoren auf unternehmerische Entscheidungen zu erfassen. Die Komplexität erschwert auch die Koordination. Alle Faktoren simultan zu planen im Sinne einer Unternehmensgesamtplanung, scheitert zwar nicht mehr an mangelnden bzw. teuren Rechnerkapazitäten, sehr wohl aber an der Schwierigkeit das gesamte Unternehmen in seinen Zusammenhängen zu modellieren. Deswegen werden die einzelnen Abteilungen des Unternehmens sukzessive geplant. Dies hat zur Folge, dass nicht alle Interdependenzen im Unternehmen erkannt werden können. So kann z. B. das Ausscheiden eines bestimmten Mitarbeiters im Bereich Forschung und Entwicklung zu Verzögerungen bei einer Markteinführung eines Produktes führen. Dies mindert die erreichbaren Umsätze und damit den Gewinn. Dieser Zustand lässt sich wahrscheinlich nicht in einer Planung antizipieren. Eng mit diesem Argument verbunden ist die Ungewissheit der Prognose. Die theoretische Annahme, dass man die Folgen der Wahl einer Alternative genau vorhersagen kann, ist nicht realistisch. In der realen Welt herrschen Entscheidungssituationen unter Risiko – der Eintritt der Handlungsfolgen ist mit Wahrscheinlichkeiten bekannt – oder gar Ungewissheit – die Wahrscheinlichkeiten des Eintritts bestimmter Handlungsfolgen sind unbekannt – vor. Aufgrund der Ungewissheit ist es auch nicht Ziel einer Planung, die Handlungsfolgen möglichst genau vorherzusagen. Die Planung dient vielmehr der Entscheidungsvorbereitung und soll sicherstellen, dass Entscheidungen auf solider Grundlage getroffen werden und die Folgen von gewählten Handlungen nicht ver- bzw. unter- oder überschätzt werden.

Die Betriebswirtschaftslehre hat Planungsinstrumente entwickelt, die helfen sollen, die Planung so zielgerichtet durchzuführen, dass sich die Gefahren der Planung nicht realisieren.

3.3 Ziele als Basis der Planung

3.3.1 Zielbildung

Ziele sind erstrebenswerte zukünftige Zustände. Sie beziehen sich auf die Zukunft und geben an, wie sich der gegenwärtig nicht zu ändernde Ausgangszustand ändern soll. Dabei nehmen sie die Form von Imperativen an. Imperativ ist die sprachliche Befehlsform oder anders ausgedrückt, die Aufforderung bestimmte Handlungen zu tun oder zu unterlassen. Hier liegt der Unterschied zum Wunsch, das Ziel drückt ein stärkeres Bedürfnis zur Handlung aus. Ein betriebswirtschaftliches Ziel bezieht sich dabei nicht auf eine einzelne Handlung sondern auf ein Bündel von Handlungen. Folglich kann man betriebswirtschaftliche Ziele als „generelle Imperative" beispielsweise „Erstrebe Gewinn!" darstellen (Heinen 1971, S. 51).

In der Betriebswirtschaftslehre wird häufig die Gewinnmaximierung als Ziel für Unternehmen postuliert. Problematisch an diesem Ziel ist aber, dass es verschiedene Interessengruppen gibt, die Ziele mit einem Unternehmen verwirklichen wollen. Ein abstraktes Unternehmensziel gibt es nicht. Menschen haben Ziele, Organisationen nicht (Cyert und March 1995, S. 29). Die Ziele, die **Anspruchsgruppen (Stakeholder)** in und mit einem Unternehmen verwirklichen wollen, können dabei variieren oder sogar im Konflikt zueinanderstehen. So streben Mitarbeiter nach hohen Gehältern, Kunden nach niedrigen Preisen bei möglichst hoher Qualität. Beide Ziele stehen sich im Konflikt gegenüber, da ein Euro weniger Verkaufspreis gleichzeitig einen Euro weniger für Gehälter bedeutet.

Da es verschiedene Stakeholder gibt, die ein berechtigtes Interesse an dem Unternehmen haben, ist es fraglich, welche Gruppe die Ziele festlegt, denen sich die Organisationsmitglieder verpflichtet fühlen sollen. In der Praxis ist es meist das Top-Management, das die Ziele vorschlägt. Dieser Vorschlag wird dann von den Eigentümern, bei Aktiengesellschaften vertreten durch den Aufsichtsrat (in dem bei größeren Unternehmen in Deutschland auch die Arbeitnehmer vertreten sind), bestätigt oder geändert. Es sind also in der Praxis meistens zwei Stakeholder, die explizit an der Zielbildung beteiligt sind: Das Management und die Eigentümer. Alle anderen internen Stakeholder werden durch die verschiedenen Anreizsysteme auf diese Ziele festgelegt. Allerdings können Arbeitnehmer und andere Stakeholder weiterhin versuchen, ihre eigenen Ziele im Unternehmen durchzusetzen. Das offizielle Ziel der Gewinnmaximierung wird keinen Mitarbeiter daran hindern können, weiterhin zu versuchen, sein persönliches Einkommen bei geringer Arbeitsbelastung zu maximieren.

Ziele nehmen dabei verschiedene Dimensionen ein und haben unterschiedliche Aspekte. **Formalziele** sind finanzwirtschaftliche Zielsetzungen (z. B. Gewinnziele oder Steigerung des Unternehmenswerts). Davon zu unterscheiden sind die **Sachziele**. Sie beschreiben die leistungswirtschaftlichen Ziele, also beispielsweise, ein hervorragendes Auto zu bauen. Einen Investor interessiert mehr das Formalziel, ob er dabei mit einem Autounternehmen oder einem Elektrounternehmen zu tun hat, ist normalerweise zweitrangig.

Eine weitere Unterscheidung betrifft **Basisziele, strategische und operative Ziele**. Basisziele sind fundamental für das gesamte Unternehmen. Sie stehen über allen anderen Zielen. Sie werden in vielen Unternehmen gar nicht explizit formuliert sondern es besteht stillschweigend Einigkeit bei allen Unternehmensangehörigen, dass dieses Ziel besteht. Grundlegend ist die Existenzsicherung des Unternehmens ein Basisziel. Insbesondere im Mittelstand durchaus aber auch bei größeren Unternehmen kommt hinzu, die Unabhängigkeit des Unternehmens zu sichern.

Die expliziten Ziele eines Unternehmens werden nach ihrer Gültigkeit unterschieden. In der Literatur hat sich dafür das Bild der Pyramide bewährt (vgl. ◼ Abb. 3.2).

Die **Vision und Mission** bzw. das Leitbild des Unternehmens enthält grundlegende Aussagen, die Gültigkeit für alle Stakeholder entfalten. Sie sind langfristig gültig, verkörpern die DNA des Unternehmens. In der Mission wird der Unternehmenszweck niedergelegt. Sie gibt Antwort auf die Frage „What is our business?". Damit wird in ihr der Daseinszweck des Unternehmens dargestellt. Das grundlegende Sachziel wird formuliert. Das Unternehmen sollte hier seine Kernkompetenz und sein Alleinstellungsmerkmal herausarbeiten. Normalerweise sind Missionen sehr beständig und werden nur selten geändert.

◘ Abb. 3.2 Zielpyramide. (Eigene Darstellung in Anlehnung an Jung et al. 2016, S. 142)

Die Vision gibt Antwort auf die Frage „What do we want to become?". Die Vision sollte dabei auf der einen Seite sehr langfristig orientiert sein, aber einen Zeitraum umfassen, bei dem die Realisierbarkeit der Zukunftsaussichten noch absehbar ist. Normalerweise wird ein Zeitraum zwischen 5 und 10 Jahren veranschlagt.

Beispiel: Vision
Gemeinhin gilt die Vision des schwedischen Möbelhauses Ikea als sehr gelungen. Ikea gibt als Vision auf seiner Homepage an: „To create a better everyday life for the many people".

Vision und Mission werden im **Leitbild** konkretisiert. Außerdem werden hier die grundlegenden Werte, die das Unternehmen verkörpern will, niedergelegt. Mit dem Leitbild soll auch die Identifikation aller Stakeholder geweckt werden. Daher werden häufig positive Emotionen bedient und geweckt.

Sowohl Mission, Vision und Unternehmensleitbild sind nicht direkter Gegenstand des Controllings sondern Rahmenbedingungen ihres Handelns. Allen drei ist auch gemein, dass sie häufig nicht konkret messbar sind. Von der Theorie des strategischen Managements werden alle drei Elemente als Standard des guten Managements angesehen. Ihr Nutzen in der Praxis ist aber beschränkt, insbesondere dann wenn sie ohne große Beteiligung der Mitarbeiter entstanden sind (Müller-Stewens und Lechner 2011, S. 232).

Damit ist der Rahmen der weiteren Zielbildung gesetzt. Die Unternehmensgesamtziele brechen die sehr langfristigen Vorgaben der Vision in operationalisierte Teilziele herunter. Diese Teilziele dienen dazu, dass Unternehmen dem angestrebten Ziel der Vision näher zu bringen. Hier sollten Ziele dann so formuliert sein, dass sie **SMART** sind. Mit dem Akronym SMART wird bezeichnet, dass ein Ziel den folgenden Kriterien genügen sollte:

- Spezifisch: Ziele sollten unmissverständlich und eindeutig formuliert werden.
- Messbar: Es sollte eine klare und nachvollziehbare Operationalisierung vorliegen.
- Anspruchsvoll: Es sollte ein hohes Ziel gewählt werden.
- Realistisch: Trotz hoher Ambition sollte das Ziel aber erreichbar sein.
- Timelines: Es sollte einen klaren Zeitbezug haben, also beantworten bis wann es erreicht sein soll.

Beispiel: Ziel, das der SMART-Methode entspricht
Das Produkt XY wird im Geschäftsjahr 2019 einen Umsatz von 1.000.000 € erzielen.

Das Ziel ist spezifisch (kein Zweifel über den Inhalt, da Umsatz eine fest definierte Größe ist), messbar (Umsatzhöhe ist vorgegeben) und der Zeitbezug ist gegeben (Geschäftsjahr 2019). Es ist anspruchsvoll, wenn der Umsatz gegenüber dem Vorjahr gesteigert wird. Realistisch ist es, wenn die Steigerung auf dem Markt realisierbar erscheint.

Die Methode geht auf die **Goal-Setting Theorie** und insbesondere auf Locke und Latham (1984) zurück. Sie wollten sich damit insbesondere von den „Do your best“-Zielen absetzen, die häufig von Unternehmen angewendet wurden. Diese gaben dem Mitarbeiter das Ziel vor ein bestmögliches Ergebnis zu erreichen und verstießen damit gegen alle Regeln der SMART-Technik.

Die Unternehmensgesamtziele werden dann weiter runtergebrochen, zunächst auf die Geschäftsbereiche, dann auf die Funktionsbereiche (Produktion, Marketing, Vertrieb etc.) und zuletzt auf die einzelnen Mitarbeiter.

Idealtypisch läuft dieser Prozess in einem Unternehmen chronologisch ab. Die Ziele der höheren Ebene der Pyramide werden auf die untere Ebene verteilt. So ergibt sich ein stimmiges Bild, bei dem sich die Zielgrößen von unten nach oben zusammenrechnen lassen. In der Praxis wird sehr häufig gegen dieses Idealbild verstoßen. Gerade auf allerhöchster Ebene ergeben sich immer wieder Änderungen, die nicht wieder auf die unteren Ebenen weitergegeben werden. Grund dafür können z. B. Anforderungen von Investoren sein, die hohe Gewinne erwarten. Dies äußern sie zu einem Zeitpunkt zu dem die Gespräche mit den meisten Mitarbeitern bereits geführt worden sind. Kaum ein Unternehmen wird in dieser Situation die Funktionsbereichs- oder Mitarbeiterziele wieder anpassen, sondern sie dort belassen, wo sie einmal festgelegt worden sind.

Um Ziele richtig zu formulieren, ist es hilfreich die beiden folgenden Fragen zu beantworten (vgl. Ulrich und Probst 1995, S. 122 f.):

1. Stimmt das zu diskutierende Ziel mit den übergeordneten Zielen auf der Pyramide überein? Würden diese Ziele auch eine andere Zielsetzung zulassen?
2. Ist es realistisch möglich das diskutierte Ziel zu erreichen? Wie wirken sich zu erwartende Änderungen der Rahmenbedingungen auf die Erreichbarkeit des Ziels aus? Erfordert die jetzige oder zukünftige Situation eine Änderung unserer Zielsetzung?

Ziele können in unterschiedlichen Beziehungen zueinanderstehen. So gibt es **komplementäre Ziele**, bei denen sich die Erreichung beider Ziele gegenseitig fördern. Meist führt z. B. die angestrebte Umsatzsteigerung zu einer Gewinnsteigerung. Bei **konkurrierenden Zielen** behindern sich die beiden Ziele gegenseitig. So steht das Ziel einer Kostensenkung im Spannungsfeld zur Erhöhung des Marktanteils. Ein klassischer Fall von Zielkonkurrenz ist die Beziehung zwischen Liquidität und Rentabilität. Ein Extremfall stellt die **Zielantinomie** dar, bei dem das Erreichen eines Ziels nur unter Verzicht auf die Erreichung eines anderen Ziels möglich wird. Häufig gibt es **indifferente Ziele**, bei denen die Ausprägungen der beiden Zielgrößen keine gegenseitigen Auswirkungen haben.

Bei konkurrierenden Zielen muss festgelegt werden, welches Ziel Priorität hat bzw. wie die Gewichte bei den verschiedenen Zielen verteilt werden sollen.

3.3.2 Empirische Befunde zur Zielsetzung in Unternehmen

Die empirische Zielforschung hat eine lange Tradition. Sie steht allerdings auf methodisch schwieriger Grundlage, da die Ziele meist mit Hilfe von Befragungen gewonnen werden, ohne diese mit dem tatsächlichen Unternehmensverhalten zu plausibilisieren. Von daher kann bei allen Erkenntnissen nicht ausgeschlossen werden, dass die Antworten der Unternehmen durch soziale Erwünschtheit geprägt werden.

In den 60er und 70er-Jahren des letzten Jahrhunderts konnten Forscher in empirischen Untersuchungen eine Dominanz des Gewinnziels feststellen (vgl. Macharzina und Wolf 2012, S. 230). In den 80er-Jahren wurde die Sicherung der Wettbewerbsfähigkeit als dominierendes Ziel festgestellt. Die Gewinnmaximierung trat etwas in den Hintergrund, ergänzend kamen ökologische und soziale Ziele hinzu.

Mit dem Erscheinen von Büchern zum **Shareholder Value** hat sich diese unternehmerische Zielsetzung stark verbreitet. Pionierunternehmen wie General Electric oder in Deutschland die VEBA AG (heute E.on) haben dieses Prinzip zuerst eingeführt. Empirische Untersuchungen um die Jahrtausendwende zeigen dann auch ein Vordringen des Shareholder Values als Zielsetzung.

Ebenso zeigt sich eine weiter verstärkte Hinwendung zu Zielen mit ökologischen und sozialen Inhalten. Allerdings ist fraglich, ob diese Ziele nicht deshalb gewählt werden, da sie auch den Gewinn bzw. den Unternehmenswert zumindest mittelbar erhöhen, da mehr Kunden ökologisch korrekt erstellte Produkte erwerben wollen, und es ethisch orientierte Investoren gibt, die die Nachfrage nach Aktien eines Unternehmens erhöhen.

3.3.3 Beispiele für Zielsetzungen

3.3.3.1 Shareholder Value als Unternehmensziel

In den 80er-Jahren des letzten Jahrhunderts hat sich nach und nach der Shareholder Value Gedanke als herrschendes Paradigma für die Zielsetzungen von Managern und Unternehmen durchgesetzt. Die Idee basiert auf eingeführten Konzepten, die zu einem neuen Ansatz kombiniert worden sind. Die Ansätze entstammen der Finanzierungstheorie, der Unternehmensbewertung, dem Controlling und dem strategischen Management. Zielsetzung des Shareholder Value Konzepts ist es, unterschiedliche Zielsetzungen von Eigentümern (Aktionären, englisch Shareholder) und Managern kompatibel zu machen. Die Aktionäre haben Interesse an steigenden Aktienkursen und hohen Dividenden. Die Manager haben häufig ein im Konflikt stehendes Interesse, da sie steigende Gehälter erzielen wollen. Bindet man die Managemententscheidungen und damit auch die variable Vergütung an die Auswirkungen der Entscheidungsfolgen an den Unternehmenswert kann man die beiden Bereiche kompatibel miteinander machen. Manager haben Angst davor, dass sie ihren Arbeitsplatz verlieren. Der Kleinaktionär ist nicht in der Lage, zu prüfen, ob die Unternehmensführung in seinem Interesse arbeitet oder nicht. Der Kapitalmarkt kann dies aber sehr wohl: Durch die Kursentwicklung der Aktien wird täglich über die Leistung des Managements ein Urteil gesprochen. Ist der Kurs zu niedrig, stellt das Unternehmen ein leichtes Ziel für Käufe durch andere Investoren dar. Diese Investoren werden häufig das Management ablösen wollen, da die bisherige Kursentwicklung ein negatives Urteil über die Leistungen des Managements gesprochen hat. Strebt das Management – analog zu den Zielen der Aktionäre – nach hohen Kursen erübrigt sich diese Gefahr.

> **Merke!**
>
> Der **Shareholder Value** lässt (bei börsennotierten Aktiengesellschaften) sich definieren als: Shareholder Value = Unternehmenswert = Anzahl der Aktien · Börsenkurs einer Aktie.

Es ist unmittelbar einleuchtend, dass mit diesem Erfolgsmaßstab, die Ziele von Managern und Eigentümern gleichgerichtet werden. Dieses Prinzip kann aber auch für

Familienunternehmen sinnvoll angewendet werden, die in Deutschland einen Großteil der volkswirtschaftlichen Leistungen erbringen. Familien haben zumeist ihr gesamtes Vermögen bzw. einen großen Teil ihres Vermögens in dem einen Unternehmen gebunden. Die langfristige Wertentwicklung ist für die Familie von besonderer Bedeutung, da sie im Zweifel durch den Unternehmensverkauf ihren weiteren Lebensunterhalt decken muss. Der Shareholder Value ist insofern missverständlich, dass er sich nicht nur auf Börsenwerte und Aktien bezieht. Allgemeiner könnte man ihn mit Eigentümerwert übersetzen. Bei nicht börsennotierten Unternehmen fehlt allerdings die Börsennotierung durch die täglich ein Marktwert ermittelt wird. Bei nicht-börsennotierten Unternehmen muss der Wert analytisch ermittelt werden.

Dieser analytische Ansatz wird in der Praxis zumeist mit dem **Gesamtkapitalansatz** ermittelt. Der Wert ergibt sich danach wie folgt:

$$\text{Gesamtwert des Unternehmens} = \sum \frac{FCF_t}{(1 + WACC)^t}$$

Der **Free Cashflow (FCF)** eines Gesamtunternehmens oder der Sparte des Unternehmens wird mit den gewichteten Kapitalkosten (Weighted Average Cost of Capital, WACC) auf ihren Gegenwartswert diskontiert. **Cashflow** bezeichnet die Zahlungssalden, also die Einzahlungen abzüglich der Auszahlungen. Ein- und Auszahlungen bezeichnen Veränderungen der liquiden Mittel, die aus dem Bargeld und den täglich fälligen Bankguthaben bestehen. Ein Beispiel für eine Auszahlung ist die Barzahlung einer Rechnung. Ein Beispiel für eine Einzahlung ist der Barverkauf an einen Kunden. Der Cashflow bildet den in einer Periode erwirtschafteten Zahlungsmittelüberschuss eines Unternehmens oder einer Berichtseinheit ab und stellt im Wesentlichen eine Kennzahl zur Beurteilung der Finanz- und Liquiditätslage dar, die darüber hinaus das von dem Unternehmen generierte Innenfinanzierungsvolumen angibt. Der Free Cashflow bezeichnet diejenigen Zahlungsmittelüberschüsse, die nach Investitionen und Finanzierungskosten verbleiben, also nachdem die Fremdkapitalgeber ihre Verzinsung erhalten haben. Nachdem das Unternehmen alle notwendigen Investitionen getätigt hat, ist der Free Cashflow das, was übrig bleibt und für die Ausschüttungen an die Eigentümer zur Verfügung steht.

Beispiel: Ableitung des Free Cashflow der Kitty Fitness GmbH

Die Kitty Fitness GmbH hat zum Jahresabschluss einen Gewinn von 100.000 € vor Steuern gemacht. Um zum Free Cashflow zu gelangen sind die folgenden Positionen zu korrigieren:

	Jahresüberschuss	100.000
+	Zuführung zu den Rückstellungen	20.000
+	Abschreibungen	15.000
−	Investitionen	70.000
=	**Free Cashflow**	**65.000**

Der Jahresüberschuss ist im ersten Schritt um die Zuführung der Rückstellungen zu korrigieren. Diese sind zu addieren, da sie bereits den Jahresüberschuss gemindert haben, aber noch nicht zu Auszahlungen geführt haben. Die Abschreibungen zeichnen den Werteverzehr einer Anlage nach. Die Anlage hat bereits zum Zeitpunkt der Anschaffung zu einer Auszahlung geführt, zum Zeitpunkt der Abschreibung erfolgt keine weitere Auszahlung. Die Investitionen schlagen sich nicht direkt im Jahresüberschuss nieder (nur durch die Abschreibungen im Verlauf der Nutzungsperiode). Sie führen aber direkt zu einer Auszahlung.

Für die Ermittlung des Shareholder Values werden die Free Cashflows ermittelt nach dem Prinzip der Vermögenserhaltung, d. h. notwendige Investitionen in das Anlage- und Umlaufvermögen des Unternehmens werden abgezogen. Notwendig bedeutet dabei, dass durch diese Investitionen das Unternehmen in seinem Bestand erhalten werden kann.

Ziel des Free Cashflows ist es, einen Gesamtwert des Unternehmens zu berechnen. Aus diesem Grund enthält er keine Zahlungen an die Kapitalgeber. Folglich wird er vor Zinsen ausgewiesen, d. h. es wird so getan als ob das Unternehmen rein eigenfinanziert wäre. Diese Annahme hat zur Folge, dass ein Unternehmensgesamtwert berechnet wird, der die Summe aus Eigen- und Fremdkapital ausweist. Für den Eigentümer ist letztlich nur der Wert des Eigenkapitals relevant, so dass zur Feststellung des Unternehmenswerts noch der Wert des Fremdkapitals abgezogen werden muss. Damit enthält der Free Cashflow die Zahlungsmittel, die für die Zahlungen an Fremdkapitalgeber in Form von Zinsen und Tilgungen, und an Eigenkapitalgeber in Form von Dividenden gezahlt werden können.

Außerdem werden die Free Cashflows nach Steuern berechnet. Die Steuern müssen ebenfalls berücksichtigen, dass eine vollständige Eigenfinanzierung angenommen wird. Fremdkapitalzinsen mindern die Steuerlast, da sie als Aufwand in der Gewinn- und Verlustrechnung vor den Steuern abgezogen werden. Zumeist wird für Controllingzwecke ein Betrachtungszeitraum von 5 bis 10 Jahren angenommen, innerhalb dessen die Free Cashflows detailliert geplant werden. Zu den detailliert geplanten Werten wird ein Restwert addiert, der die künftigen Zahlungsströme nach dem Ablauf des Planungszeitraums abbildet. Die Bedeutung dieses Restwerts wird leicht unterschätzt. Je nach Länge des detaillierten Prognosezeitraums und angewandtem Zinssatz kann der Restwert mehr als die Hälfte zum Gesamtwert beitragen (vgl. Behringer 2016, S. 500 ff.). Für externe Unternehmensanalysten ist aufgrund mangelnder Informationen meist nur die indirekte Ermittlung des Cashflows möglich. Sie wählen die indirekte Ableitung des Cashflows, bei dem der Jahresüberschuss um nicht-zahlungswirksame Elemente korrigiert wird (vgl. hierzu das oben dargestellte Beispiel).

Der Freie Cashflow wird in zwei Schritten ermittelt (vgl. Brühl 2016, S. 393). Im ersten Schritt wird der operative Cashflow (vor Zinsen und Steuern) berechnet. Dieser ergibt sich als:

Operativer Cashflow (vor Zinsen und Steuern) = Betriebliche Einzahlungen – Betriebliche Auszahlungen.

Im zweiten Schritt gelangt man zum Freien Cashflow:
Freier Cashflow (vor Zinsen, Dividenden und Tilgung) = Operativer Cashflow (vor Zinsen und Steuern) – Auszahlungen für die Ertragsteuern ± Zahlungssaldo für Ersatz- und Erweiterungsinvestitionen in das Anlagevermögen zur Vermögenserhaltung ± Zahlungssaldo für die Erhöhung/Verminderung des Umlaufvermögens zur Vermögenserhaltung.

Als Abzinsungsfaktor zur Ermittlung des Unternehmenswerts werden die gewichteten Kapitalkosten WACC herangezogen. Ausgedrückt als Renditeforderung für die Bewertung des gesamten Unternehmens werden diese als Kosten für das Eigenkapital mit dem Anteil des Eigenkapitals und die Kosten für das Fremdkapital mit den Kosten für das Fremdkapital gewichtet. Diese Renditeforderung ergibt sich formal wie folgt (vgl. Krag und Kasperzak 2000, S. 87 ff.):

$$\text{WACC} = k_{FK} \cdot \frac{FK}{GK} + k_{EK} \cdot \frac{EK}{GK}$$

Dabei steht:
FK = Fremdkapital
EK = Eigenkapital
GK = Grundkapital
k = Kosten

Merke!

Die **gewichteten Kapitalkosten (WACC)** eines Unternehmens stellen die Hürde dar, deren Rendite eine Investition überspringen muss, um sich für das Unternehmen zu lohnen. Liegt die Rendite einer Investition über den WACC, so wird Shareholder Value geschaffen. Liegt die Rendite einer Investition unter den WACC, so wird Shareholder Value vernichtet.

Stellt man die obige Gleichung um, indem man nach k_{EK} auflöst und WACC durch die Eigenkapitalkosten des unverschuldeten Unternehmens k_{EK}^u ersetzt (dies ist die sogenannte **Modigliani-Miller Anpassung**) erhält man:

$$k_{EK} = k_{EK}^u + \left(k_{EK}^u - k_{FK} \right) \cdot \frac{FK}{EK}$$

Die Rendite, die Eigentümer eines verschuldeten Unternehmens fordern, entspricht der geforderten Rendite für ein unverschuldetes Unternehmen zuzüglich eines Risikozuschlags, der der Differenz zwischen Eigenkapitalkosten des unverschuldeten Unternehmens abzüglich Zins für Fremdkapital (unter der Voraussetzung, dass der Zins für Fremdkapital kleiner ist als die Eigenkapitalkosten des unverschuldeten Unternehmens) multipliziert mit dem Fremdkapitalanteil des verschuldeten Unternehmens. Dies entspricht der intuitiven Logik, dass verschuldete Unternehmen eine höhere Rendite erwirtschaften müssen, da sie risikoreicher sind als Unternehmen ohne Verschuldung.

Um den Diskontierungsfaktor WACC bestimmen zu können, muss man die Eigen- und Fremdkapitalkosten ermitteln. Die momentanen Ansprüche der Fremdkapitalgeber an das Unternehmen lassen sich anhand einer Unternehmensanalyse relativ einfach feststellen, da die Gläubiger zumeist vertraglich festgelegte Gegenleistungen für die Kapitalüberlassung in Form von Zinsen erhalten (vgl. Helbling 1993, S. 160). Dies gilt nicht für Rückstellungen, die in den Bilanzen der meisten Unternehmen einen hohen Anteil haben. Rückstellungen bezeichnen ungewisse Verbindlichkeiten, besondere praktische Relevanz besitzen die Rückstellungen für die betriebliche Altersversorgung. Der Anspruch wird durch den Arbeitnehmer erworben, wenn er noch aktiv beschäftigt ist. Weder ist der Zeitpunkt des Ruhestands noch die Lebenszeit bekannt, so dass es sich eindeutig um ungewisse Verbindlichkeiten handelt. Diese Verbindlichkeiten sind verzinslich. So werden sie auch in der Bilanz dargestellt, da sie wie andere langfristige Verbindlichkeiten auch, abgezinst, d. h. diskontiert, in der Bilanz angesetzt werden (vgl. Behringer 2012, S. 945 ff.).

Wesentlich problematischer ist die Schätzung der Eigenkapitalkosten, da die Eigenkapitalgeber keine vertraglich festgelegten Erträge als Gegenleistung für die Kapitalüberlassung erhalten, sondern das Residuum, also denjenigen Erfolg der im günstigen Fall nach Abzug aller Aufwendungen übrigbleibt. Theoretisch richtig wäre der Ansatz der Rendite der optimalen Alternative zur Investition in das Unternehmen – also die Opportunitätskosten entsprechend der durch den Erwerb von Aktien besten verdrängten Alternative. Die Ableitung dieser Kosten ist praktisch nicht leistbar, da eine unendliche Fülle von zur Verfügung stehenden Alternativen gibt. Man kann in ein Studium investieren, andere Aktien kaufen oder Gold erwerben. Im Controlling wird daher zumeist eine grob vereinfachte Lösung gesucht, die auf der Kapitalmarkttheorie und hier insbesondere das **Capital Asset Pricing Model (CAPM)** aufbaut. Man fragt sich, welche Rendite man bei einer Investition in ein Wertpapier (andere mögliche Investments werden ausgeschlossen), mit gleichem Risiko erwirtschaften könnte. Rationale Investoren haben nach dem CAPM eine Renditeerwartung r_{EK} an ein Wertpapier, die sich aus dem risikolosen Zinssatz i^* und einer Risikoprämie RP zusammensetzt:

$$r_{EK} = i^* + RP$$

Der Investor ist also risikoscheu: Für Zahlungen die stärker der Unsicherheit unterliegen wird eine höhere Rendite verlangt. Dies passt zu der oben dargestellten Modigliani-Miller Anpassung.

Die Risikoprämie ergibt sich zum einen aus der Risikoprämie, die bei Investitionen in ein risikobehaftetes Marktportefeuille fällig wird. Diese entspricht der Differenz der erwarteten Rendite des Marktportefeuilles r_M und dem risikolosen Zinssatz i^*. Neben dem **unsystematischen Risiko**, das allein durch Investition in das risikobehaftete Marktportefeuille entsteht und im Marktgleichgewicht nicht vergütet wird, ist das **systematische Risiko** von Bedeutung, das die Relation der betrachteten Anlage mit dem Marktportefeuille bezeichnet. Dies berechnet das CAPM durch den **β-Faktor**. Der β-Faktor ist das Maß der Sensitivität zwischen der erwarteten Rendite des einzelnen Wertpapiers und der erwarteten Rendite des Marktportefeuilles. Es zeigt die relative Schwankungsanfälligkeit eines Wertpapiers im Vergleich zu einem anderen Wertpapier oder Index.

Multipliziert man den β-Faktor der Anlage j mit der Risikoprämie für die Investition in das risikobehaftete Marktportefeuille, ergibt sich die Risikoprämie, die ein rationaler Investor für ein bestimmtes Wertpapier j verlangen wird (vgl. Ballwieser 1995, S. 122):

$$r_{EK} = i^* + \beta_j \cdot (r_M - i^*)$$

Das Unternehmen muss zusätzlich zu den Fremdkapitalkosten mindestens diese Eigenkapitalrentabilität erreichen. Wird mehr als diese Mindestrendite verdient, so schafft das Unternehmen Wert, das heißt es erwirtschaftet mehr als die Eigentümer verlangen. Das Mindesterfordernis an Gewinn der Eigentümer muss ausgeschüttet werden. Ist das Unternehmen in der Lage, darüber hinaus Gewinn zu erzielen, so zeigt sich das theoretisch in einem steigenden Unternehmenswert, also einem steigenden Aktienkurs beim börsennotierten Unternehmen.

Beispiel: Berechnung der WACC für die Kitty Fitness GmbH
Das Controlling der Kitty Fitness GmbH möchte die WACC ihres Unternehmens berechnen. Den Controllern liegen dafür die folgenden Angaben vor:
- Rendite risikoloser Anlagen 6,0 %
- Rendite des Marktportfolios 12,0 %
- B-Faktor 0,8
- Zinssatz für Fremdkapital 8,0 %
- Eigenkapitalanteil 40 %
- Ertragssteuersatz 30 %

Die WACC sollen dabei nach Steuern betrachtet werden.

Im ersten Schritt stellen die Controller die Eigenkapitalkosten dar. Sie ergeben sich nach folgender Formel:

$$r_{EK} = i^* + \beta_j(r_M - i^*)$$

Durch Einsetzen der oben genannten Daten ergibt sich:

$$r_{EK} = 6{,}0 + 0{,}8\,(12{,}0 - 6{,}0) = 6{,}0 + 4{,}8 = 10{,}8$$

Die Eigenkapitalkosten der Kitty Fitness GmbH betragen also 10,8 %. Die Rendite aus Sicht der Eigentümer entspricht den Kosten für das Eigenkapital aus Sicht des Unternehmens. Insofern gilt, dass r_{EK} gleich k_{EK} ist. Die Fremdkapitalkosten sind mit 8,0 % vorgegeben. Jetzt gibt es allerdings einen wesentlichen Unterschied zwischen Eigenkapital- und Fremdkapitalkosten. Die Eigenkapitalgeber werden aus dem Gewinn nach Steuern bedient. Die Fremdkapitalkosten können dahingegen von den Steuern abgezogen werden. Sie haben einen steuerlichen Vorteil gegenüber den Eigenkapitalkosten. Um beide Arten von Kapitalkosten vergleichbar zu machen, wird nur der Satz nach Steuern bei den Fremdkapitalkosten berücksichtigt. Die Fremdkapitalkosten werden mit (1– Steuersatz) multipliziert, um Eigen- und Fremdkapitalkosten vergleichbar zu machen:

$$k_{FK} = (1 - \text{Steuersatz}) \cdot 8{,}0 = (1 - 30\,\%) \cdot 8{,}0 = 5{,}6$$

Der Fremdkapitalkostensatz nach Steuern beträgt also 5,6 %.
Mit der Information, dass der Eigenkapitalanteil bei 40 % liegt. Es ergibt sich automatisch, dass der Fremdkapitalanteil bei 60 % liegt. Jetzt kann man die WACC berechnen:

$$WACC = k_{FK} \cdot \frac{FK}{GK} + k_{EK} \cdot \frac{EK}{GK} = 5{,}6 \cdot 60\,\% + 10{,}8 \cdot 40\,\%$$
$$= 3{,}36 + 4{,}32 = 7{,}68$$

Die WACC liegen bei 7,68 %. Sie können als Diskontierungsfaktor für die Ermittlung des Unternehmenswerts angesetzt werden. Des Weiteren können Sie verwendet werden, um als Hürde für Investitionen zu fungieren. Eine Investition schafft dann Wert, wenn sie eine Verzinsung von mehr als 7,68 % erwirtschaftet. Erst dann sind die Ansprüche der Eigentümer gedeckt. Alles, was über einer Verzinsung von 7,68 % liegt erhöht den Unternehmenswert. Folglich sollen nur Investitionen getätigt werden, die einen höheren Ertrag als 7,68 % des eingesetzten Kapitals erbringen.

Fundamental für die Shareholder Value Orientierung der Unternehmensführung ist die Berücksichtigung der Renditeforderungen der Eigenkapitalgeber. In der traditionellen gewinnorientierten Sicht erhalten Eigenkapitalgeber diejenige Summe, die übrig bleibt nach Abzug aller Aufwendungen. Bei Investitionsentscheidungen im wertorientierten Controlling sind die Eigenkapitalkosten bereits eingepreist. Damit wird die Hürde für erfolgreiche Investitionen erhöht. Zum anderen können die Ziele der Eigentümer bei allen unternehmerischen Entscheidungen direkt berücksichtigt werden. Der Shareholder Value ist seinem Wesen nach ein langfristiges Ziel der Unternehmensführung. Allerdings hat sich dieses Ziel in der Praxis verselbständigt. Es wird zumeist mit kurzfristigen Kurserhöhungen assoziiert.

3.3.3.2 Stakeholder Value als Unternehmensziel

Wird ein Unternehmen mit dem Ziel der Steigerung des Shareholder Value geführt, so finden lediglich zwei Anspruchsgruppen (Stakeholder) bei der Zielfindung Berücksichtigung: Die Eigentümer und das Management. Selbstverständlich gibt es mehr Anspruchsgruppen, die ein begründetes Interesse haben, an den Zielen des Unternehmens mitzuwirken. Man denke an die Mitarbeiter außerhalb des Managements, aber auch Gläubiger, Lieferanten oder die breite Öffentlichkeit. Diese Gruppen zu berücksichtigen, ist das Ziel des Stakeholder Value Ansatzes für die Zielsetzung innerhalb des Unternehmens. Die Anhänger des Stakeholder Values sind der Ansicht, dass es unverständlich ist nur zwei Anspruchsgruppen an der Zielbildung zu beteiligen. Die verschiedenen Stakeholder bilden eine Koalition mit dem Ziel den gemeinsamen Wohlstand durch das Unternehmen zu mehren. Die Aktionäre haben ein berechtigtes Interesse an Dividenden und Kurssteigerung. Dieses berechtigte Interesse muss aber in Relation gesetzt werden zu den berechtigten Interessen der anderen Stakeholder.

Problematisch an dieser Idee ist, dass die Interessen der Stakeholder teilweise im Konflikt zueinanderstehen. So haben Mitarbeiter den Wunsch nach sicheren Arbeitsplätzen und hoher Bezahlung. Dies steht im Wiederspruch zu dem Gewinnstreben der Aktionäre. Die Forderung, dass Manager eines Unternehmens diese Beziehungen berücksichtigen und moderieren müssen, ist leicht gestellt (Clarkson 1995). Allerdings ist die konkrete Quantifizierung in eine Zielsetzung, die den SMART-Kriterien entspricht, nahezu unmöglich. Daher wird die Stakeholder-Orientierung zumeist nur als weiches qualitatives Ziel formuliert. Zumeist findet es daher auch keinen unmittelbaren Eingang in die Controlling-Reports.

3.3.4 Ableitung der Zielhöhe

Bislang haben wir in diesem Kapitel die sinnvollen Zielgrößen diskutiert. Damit ist aber noch nicht festgelegt, wie hoch das Ziel bestimmt werden soll bzw. welcher Referenzwert sinnvoll anzusetzen ist. Man kann vier Methoden der Festlegung der Zielhöhe unterscheiden (vgl. Weber und Schäffer 2016, S. 71 ff.):

- **Vergangenheitswerte:** Die einfachste Methode und wahrscheinlich die praktisch am weitesten verbreitete Herangehensweise ist die Fortschreibung der Werte der Vergangenheit. Vergangene Werte können aber durch Einmaleffekte verzerrt sein, ein Großauftrag muss nicht wiederholbar sein. Außerdem kann ein in der Vergangenheit erreichter Wert nicht unbedingt ein Zeichen für großen Erfolg sein. Der erste Professor für Betriebswirtschaftslehre in Deutschland Eugen Schmalenbach formulierte, dass wenn Zielgrößen aus der Vergangenheit abgeleitet werden, „Schlendrian mit Schlendrian" (Schmalenbach 1934, S. 263) verglichen wird.

— Logisch wäre die Ableitung der Ziele auf Basis von Prognosen, die die im Unternehmen vorhandenen Informationen über die Entwicklung der Zielgrößen verarbeiten. Voraussetzung ist, dass alle vorhandenen Informationen wahrheitsgemäß und vollständig offenbart werden. In der Praxis wird trotz der zu erwartenden Schwierigkeiten häufig dieser Weg gewählt. Prognosen basieren auch auf der Vergangenheit beziehen aber Informationen über die Zukunft mit ein. Implizit basieren sie allerdings alle auf der Annahme, dass sich Regelmäßigkeiten der Vergangenheit fortschreiben lassen. Diese Herangehensweise wird sich in der näheren Zukunft sicherlich durch digitale Innovationen wie Predictive Analytics deutlich verstärken (vgl. ▶ Abschn. 5.1).

— Vergleichswerte (Benchmarks): **Benchmarking** beinhaltet einen systematischen Vergleich zwischen Unternehmen einer bestimmten Klasse (Größe, regionaler Standort, Branche etc.). Ziel ist es aus dem Vergleich Lehren zu ziehen, um selbst der Benchmark also der Beste zu werden. Durch den Vergleich mit externen Wettbewerbern kann ein ehrgeiziges aber realistisches Ziel ermittelt werden. Allerdings kann ein reiner Kennzahlenvergleich zu kurz greifen. Durch den rein quantitativen Vergleich kann man die in Prozessen begründeten Ursachen unterschiedlicher Ergebnisse nicht erkennen. Insofern sollte man ein systematischeres Benchmarking durchführen (vgl. Nagel und Mielke 2014, S. 248 ff.). Während bei einem externen Benchmarking das Problem besteht an die Daten und Ursachen für deren Ausprägung zu gelangen, besteht beim internen Benchmarking das Problem, dass man eventuell wieder „Schlendrian mit Schlendrian" vergleicht. Trotzdem wird in der Praxis in vielen Unternehmen ein internes Benchmarking durchgeführt, insbesondere wenn diverse Tochtergesellschaften ähnliche Aufgaben (z. B. den Vertrieb eines zentral hergestellten Produkts) in verschiedenen Ländern durchführen. In diesem Fall kann eine Abweichung von dem Besten im Unternehmen einzig mit lokalen Abweichungen erklärt werden.

— **Normativ festgelegte Ziele:** Bei normativ festgelegten Zielen wird die Zielhöhe autonom von der Unternehmensleitung ohne explizite Bezugnahme auf Vorbilder der Vergangenheit oder des Wettbewerbs festgelegt. Diese Zielsetzung hat immer dann seine Berechtigung wenn es keine Vorbilder gibt, also z. B. ein neuer Bereich aufgebaut wird. So hatte der US-Präsident Kennedy die Vision, Menschen auf den Mond und wieder zurück zur Erde zu bringen. Samsung wollte 1992 bis zum Jahre 2010 erreichen, einer der 10 führenden Hersteller von Automobilen zu sein (Sull 2005, S. 5). Dies ist offensichtlich nicht gelungen. Außerdem haben normative Zielsetzungen immer dann einen Sinn, wenn die anderen Ableitungen zu endlosen Diskussionen führen. Durch normative Zielsetzungen kann der Zielsetzungsprozess abgekürzt werden.

In den meisten Unternehmen werden die einzelnen Methoden kombiniert. Häufig wird ein Ziel aus einer Mischung aus Vergangenheitswerten und Prognosewerten zusammengestellt. In diese erste Ableitung fließen dann zusätzlich noch Benchmarks ein, die allerdings nur selten systematisch erhoben werden. Am Ende des Zielvereinbarungsprozesses steht dann zumeist eine normative Festlegung, die alle anderen Inputs berücksichtigt.

3.4 Ablauf des Planungsprozesses

Der Planungsprozess wird von den Controllern eines Unternehmens geleitet. Sie sind für die reibungslose und effektive Gestaltung des Planungsprozesses zuständig. In der Regel wird dabei unterschieden zwischen den Planungen, die auf die Sachziele des Unternehmens einzahlen. Zielgrößen sind Mengen, Qualitäten oder Zeiten – beispielsweise die Menge an Weinflaschen, die ein Winzer produziert. Die anderen Planungsgrößen zahlen auf das Formalziel ein. Sie lassen sich alle in Geldwerten ausdrücken. So ergibt sich aus der Menge an Flaschen multipliziert mit ihren Preisen der Umsatz des Winzerbetriebs. Beide Plangrößen sind eng miteinander verbunden. Der Umsatz bestimmt die Möglichkeiten in Marketing zu investieren, erfolgreiches Marketing führt wiederum zu mehr Umsatz.

Im **Master-Budget**, das schematisch in ◘ Abb. 3.3 dargestellt ist, wird zumeist mit der Planung des Absatzes begonnen. In der Marktwirtschaft ist der Absatz fast ausschließlich der Engpass für weitere Expansion. Aus diesem Grund muss sich der ganze Plan auf diesen Engpass beziehen. Der schwächste Bereich ist praktisch der Taktgeber für die anderen betrieblichen Bereiche. Wenn sich der geplante Absatz ändert, so ergeben sich daraus Änderungsbedarfe für die Produktionsplanung, die Beschaffung etc. Es greift also das Ausgleichsgesetz der Planung. Minimumsektor – also Taktgeber für alles andere – kann auch der Finanzbereich sein. Fehlen die liquiden Mittel so hemmt das die Investitionstätigkeit des Unternehmens, was wiederum die Produktionsmöglichkeiten und in der Folge die Absatzchancen wieder reduziert.

Insofern ist theoretisch der Planungsvorgang eine mathematisch-analytische Tätigkeit: Aus der Festlegung einer geplanten Zielgröße für den Absatz ergeben sich rechnerisch die notwendigen Produktionsmengen und folglich die Finanzbedarfe für Investitionen, Einstellungen für Personal etc. Natürlich ist dies nur ein theoretisches Vorgehen. In der Praxis entsteht die Planung durch Kommunikation zwischen verschiedenen Unternehmensabteilungen und -hierarchieebenen, Erfahrungswissen, politischen Spielen und Machtdemonstrationen. Dabei hängt die konkrete Ausgestaltung von der Gesamtsituation des Unternehmens ab.

Unterschiede bei der konkreten Ausgestaltung der Planung gibt es zumeist bei der Zentralisierung des Planungsprozesses. Wird der Plan von oben (**Top-down**) festgesetzt oder spielen die unteren Hierarchieebenen eine größere Rolle (**Bottom-up**).

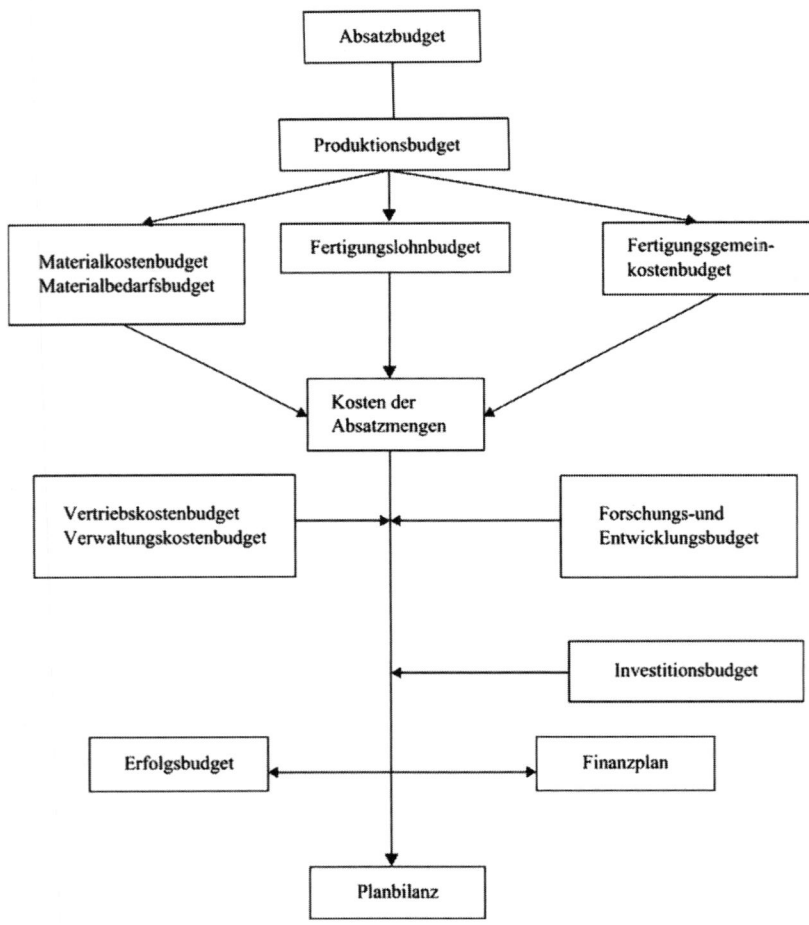

◻ Abb. 3.3 Master-Budget. (Vgl. Ewert und Wagenhofer 2014, S. 405)

In der Top-down Planung (auch retrograde Planung genannt) kommt das Budget ohne Partizipation des dezentralen Managements zustande. Das dezentrale Management bekommt damit seine Vorgaben praktisch vom Top-Management diktiert. Dies kann nur effektiv sein, wenn das Top-Management planungsrelevantes Wissen hat. Die dezentralen Planungen, die in den Abteilungen auch stattfinden, haben lediglich noch die Funktion, die Vorgaben zu präzisieren und zu detaillieren. Problematisch ist, wenn die Unternehmensführung das eigene planungsrelevante Wissen überschätzt. Dann können unrealistische Budgetgrößen entstehen, die Fehlentscheidungen auslösen. Durch die Beteiligung des dezentralen Managements wird demgegenüber das Wissen der dezentralen Einheiten Bestandteil der Budgets. Des Weiteren kann man davon ausgehen, dass eine Partizipation die eigene Motivation steigen lässt. Ein diktiertes Ziel hat nicht die Identifikation zur Folge, wie ein Ziel an dessen Formulierung man selber mitgewirkt hat. Der Controller als Planungsmanager hat im Umfeld der Top-down Planung eher die Funktion eines Einpeitschers, der bei der Übertragung in die dezentralen Budgets darauf achten muss, dass das von der Unternehmensspitze vorgegebene Ziel auch umgesetzt wird. Die reine Top-down Planung ist ein theoretisches Konstrukt, das so selten in der Praxis anzutreffen sein wird.

Das umgekehrte Extrem wird als Bottom-up Planung (auch progressive Planung genannt) bezeichnet. Das dezentrale Management wird um seine Einschätzung der Situation und der Zukunftsaussichten gebeten. Diese Einschätzung wird von der Unternehmensführung in die Planung übernommen. Das Top-Management hat nur noch die Funktion, die einzelnen Teilpläne miteinander zu koordinieren. Man geht davon aus, dass das planungsrelevante Wissen bei den dezentralen Einheiten liegt, weil sie entweder die Produkt- oder Marktkenntnis haben. Die Rolle des Controllers ist es, die Einzelpläne einzusammeln und sie zum Gesamtplan des Unternehmens zu konsolidieren. Dabei muss das Controlling darauf achten, dass die einzelnen Teile zueinander passen. Bei der Bottom-up Planung steigt der Koordinationsbedarf deutlich. Daneben gibt es viele Gründe, die die dezentralen Einheiten dazu veranlassen können, nicht die wahren Informationen offen zu legen, z. B. weil ihr Gehalt an die Zielerreichung gebunden ist.

Bottom-up und Top-down Planung sind theoretische Idealbilder, die so in den allermeisten Unternehmen nicht zum Einsatz kommen. Die meisten Unternehmen (vgl. Horváth et al. 1985, S. 147) wenden in der Praxis das **Gegenstromverfahren** (siehe ◨ Abb. 3.4) an, das versucht die Vorteile der beiden Idealbilder zu vereinigen. Ausgangspunkt ist der Gedanke, dass das planungsrelevante Wissen auf allen Hierarchiestufen des Unternehmens verteilt ist. Keine Ebene kann alleine ein effizientes und effektives Budget erstellen. Der Plan wird im Gegenstromverfahren iterativ ermittelt. Die Budgetierung verläuft in mindestens drei Schritten. Zunächst gibt die Unternehmensführung (grob) die Ziele im Top-down Verfahren für die dezentralen Einheiten vor. Diese dienen als Leitlinie für die Bottom-up Planung der dezentralen Einheiten. Die Leitlinie ist dabei nicht als zwingend zu verstehen, sondern die dezentralen Einheiten werden aufgefordert, ihre tatsächlichen möglicherweise auch abweichenden Einschätzungen einfließen zu lassen. Diese Bottom-up Planungen werden dann mit den Vorgaben verglichen, die das Top-Management zu Beginn des Prozesses gemacht hat. In der Regel werden die Bottom-up ermittelten Zahlen weniger herausfordernd sein als die Top-down Vorgaben. In einer dritten Phase werden die beiden Teile der Planung dann zusammengebracht. Es geht darum, wie die Lücke zwischen Top-down Vorgaben und Bottom-up Ergebnissen

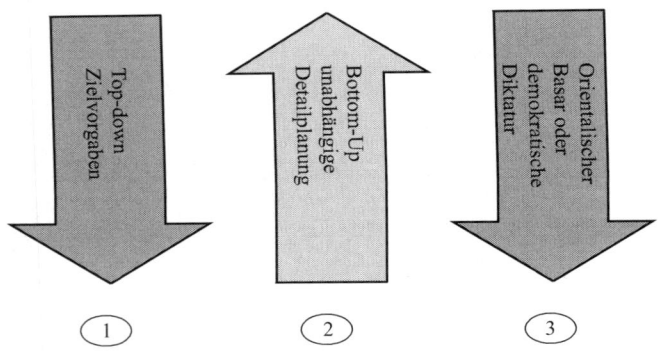

◻ Abb. 3.4 Schematische Darstellung des Gegenstromverfahrens. (Quelle: Behringer 2014, S. 145)

aufgeteilt werden kann. In dieser Phase kann auf Verhandlungen gesetzt werden, was bedeutet, dass die dezentralen Einheiten stärker beteiligt werden, was sehr wohl in eine Art orientalischen Basar mit Geschacher ausarten kann. Eine zweite Möglichkeit ist eine „Verkündung der Weisheit" durch das zentrale Top-Management, die endgültig das letzte Wort haben, aber dabei die Erkenntnisse aus der Bottom-up Planung berücksichtigen. Dies kann man als eine Art demokratischer Diktatur auffassen.

> ❯ Auf den Punkt gebracht: Bei der Bottom-up Planung wird das Wissen der gesamten Organisation in den Planungsprozess integriert. Dies sorgt für Motivation bei allen Mitarbeitern, kann aber dazu führen, dass die Zielsetzungen nicht sehr ehrgeizig werden. Im Top-down Prozess ist die Problemlage genau umgekehrt: Die Ziele werden ehrgeizig gesetzt, aber es wird nicht das gesamte Wissen der Organisation genutzt und Mitarbeiter werden eventuell demotiviert. Die Vorteile beider Verfahrensweisen werden im Gegenstromverfahren miteinander kombiniert.

3.5   Anreizprobleme durch Planung

3.5.1   Das Problem der hidden information

Im Planungsprozess führt die Verbindung von Planung und Entlohnung zu Problemen, die im schlimmsten Falle dazu führen, dass die Planungsfunktionen nicht mehr vollständig wahrgenommen werden können. Ein Grund liegt in der Art und Weise, wie die variable Vergütung festgelegt wird (vgl. Jensen 2003, S. 386 ff.). ◻ Abb. 3.5 stellt eine typische variable Vergütungsvereinbarung dar.

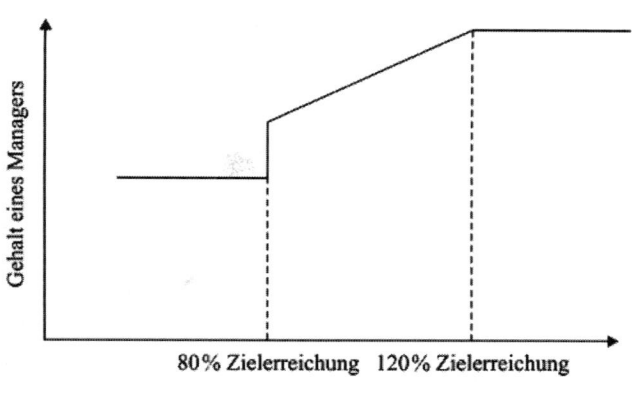

□ Abb. 3.5 Typischer Verlauf einer variablen Vergütung

Der Manager erhält neben einem Fixgehalt einen variablen Anteil, der an die Zielerreichung gebunden ist. Die Zielerreichung wird als Prozentsatz des geplanten Werts dargestellt. Im Regelfall erhält ein Manager erst ab einem bestimmten Zielerreichungsgrad überhaupt einen variablen Anteil (im Beispiel bei 80 % des Budgets). Hat ein Autoverkäufer das Ziel 100 Autos im Jahr zu verkaufen, erhält er für 70 Autos einen Bonus von 0. Wird das Mindestziel nicht erreicht, so geht der Manager leer aus. Bei 80 % erhält der Manager eine Prämie, dafür, dass er die Hürde überschritten hat. Der Autoverkäufer, der bei 79 verkauften Autos leer ausgegangen wäre, erhält für das 80. Auto, weil es den Grenzwert darstellt, eine Prämie von z. B. 2000 €. Ab 80 Autos steigt sein variables Gehalt linear an, der Autoverkäufer erhält für jedes weitere verkaufte Auto einen Bonus von beispielsweise 100 €. Der lineare Anstieg der Vergütung wird allerdings bei 120 % der Zielerreichung gekappt, damit erhält der Autoverkäufer ab dem 121. Auto keinen weiteren Bonus mehr.

In einem solchen Anreizsystem ergeben sich einige mögliche Verzerrungen. Der Manager wird alles tun, um die Untergrenze zu erreichen und den Bonus für das Überspringen der Hürde zu realisieren. Selbst unternehmensschädliche Verhaltensweisen wie Verkauf von Autos mit zu hohen Rabatten oder Umsatzmanipulationen können angewendet werden, um in jedem Fall in den Genuss dieses Bonus zu kommen.

Beispiel: Schaden durch Planvorgaben

Jensen (2003) berichtet in seinem Aufsatz über die koreanische Tochtergesellschaft der Lernout & Hauspie Speech Products NV. Um die gesteckten Planziele zu erreichen und damit die Voraussetzungen für ihren Bonus zu schaffen, hat das Management gefälschte Umsätze in erheblichem Umfang gebucht. Zwischen 1999 und 2000 waren 70 % der berichteten Umsätze in Höhe von 160 Mio. US-$ frei erfunden.

Sollte der Autoverkäufer feststellen, dass er die untere Grenze von 80 % nicht mehr überspringen kann, so ändern sich die Anreize deutlich. Jetzt ist es für den Verkäufer rational, Umsätze in die nächste Periode zu verschieben. Das erleichtert die Zielerreichung im nächsten Jahr. Das Bonussystem sorgt dafür, dass es dem Mitarbeiter egal ist, ob er 50, 60 oder 70 % des Ziels erreicht, da es kein Bestrafungssystem gibt. Der Anreiz zum Nichtstun wird noch durch den „Ratchet-Effekt" verstärkt. Dieser wurde zunächst in den sozialistischen Planwirtschaften beschrieben (vgl. Meyer und Vickers 1997). Die Planer nehmen den aktuellen Zustand als Ausgangspunkt der Überlegungen für den kommenden Planwert. Dabei kann man die einmal erreichten Ergebnisse nicht unterbieten, sondern nur überbieten. Das englische Wort „ratchet" bedeutet Sperrklinke, also eine Klinke, die sich nur in eine Richtung öffnen lässt. Für den Autoverkäufer bedeutet dies, dass die Verschiebung von Käufen in das kommende Jahr nicht nur die Planerreichung erleichtert, sondern dass das von der Konzernzentrale im Folgejahr akzeptierte Ziel niedriger ausfallen wird. Es ist klar, dass die Aktivitäten des Autoverkäufers in so einer Situation nicht zum Gesamtwohl des Unternehmens beitragen: Die potentiellen Autokäufer werden vermutlich zum nächsten Autohaus gehen anstatt noch zu warten.

Läuft das Geschäft außerordentlich gut und der Autoverkäufer erreicht die obere Bonusbegrenzung, so gehen wieder alle Anreize zu weiteren Bemühungen verloren. Da der Autoverkäufer ab dem 121. verkauften Auto leer ausgeht, wird er sich auch nicht mehr bemühen mehr Autos zu verkaufen. Auch hier wirkt der Ratchet-Effekt verstärkend.

Probleme entstehen also immer an Schwellenwerten. In der Phase, wo ein Manager einen linear steigenden Bonus erhält, verschwinden diese Probleme. Aus diesem Grund schlägt Jensen (vgl. Jensen 2003, S. 389) eine vollständig lineare Bonusbemessung (siehe ◼ Abb. 3.6) vor, so dass der Autoverkäufer vom ersten bis zum letzten verkauften Auto den gleichen Geldbetrag erhalten würde.

Die aufgezeigten Probleme bei der Planung können zu erheblichen realen wirtschaftlichen Folgen führen. Jensen (2003) nennt den Fall eines Managers eines Getränkeherstellers, der, um seine Ziele niedrig zu halten, die erreichbaren Verkaufszahlen bewusst zu niedrig eingeschätzt hat. Dies führte dazu, dass nicht ausreichend produziert wurde und das Unternehmen in ihrer wichtigsten Verkaufszeit, den Sommerferien, keine Produkte verfügbar hatte. Die Planung konnte ihre Koordinationsfunktion nicht erfüllen.

Des Weiteren kann auch die Kommunikationsfunktion gestört sein, da nicht ehrlich kommuniziert wird. So wird der Autoverkäufer nicht die wahre Absatzmenge, die er für das kommende Jahr erwartet, nennen, sondern eine niedrigere. Die Unternehmenszentrale ist i. d. R. aber zu weit weg, um die akkuraten Informationen über

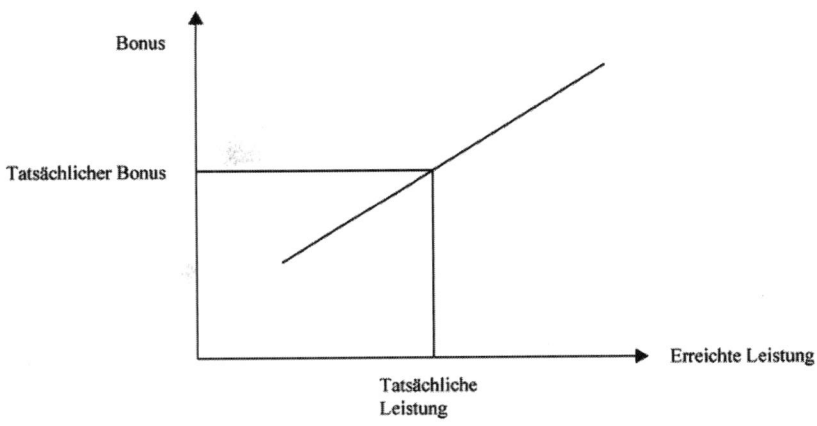

◨ Abb. 3.6 Linearer Verlauf einer variablen Vergütung

zukünftige Entwicklungen zu kennen und ist somit auf die korrekten Informationen der Unternehmensteile angewiesen, um einen realistischen Plan zu erhalten.

3.5.2 Das Weitzmann-Schema

Das Problem der bewussten Irreführung der Vorgesetzten im Planungsprozess hatte neben der Unternehmenspraxis auch eine besondere Bedeutung in den Zentralverwaltungswirtschaften des Sozialismus. Die Leiter und Mitarbeiter der Betriebe in den Planwirtschaften erhielten eine Prämie, wenn sie den von dem zentralen Planungsamt vorgegebenen Plan, erreicht hatten. Um dies möglichst leicht zu erreichen, wurden die tatsächlichen Produktionsmöglichkeiten untertrieben dargestellt (Gutmann 1990). Um diesem Problem zu begegnen, wurden Anreizsysteme geschaffen, die die Ehrlichkeit der Aussagen der Mitarbeiter in die Anreizbemessung einbezogen hat. In einer Besprechung verschiedener sozialistischer Anreizsysteme beschrieb Weitzmann (1976) (Ewert und Wagenhofer 2014, S. 410 ff.) das folgende Modell, das auch häufiger als **„sowjetisches Anreizschema"** bezeichnet wird.

Grundlage des Modells ist die Annahme, dass die Manager exakt den von ihnen künftig zu erzielenden Überschuss x kennen. Die Unternehmensleitung kennt diesen hingegen nicht. Das Schema unterscheidet zwischen der tatsächlich erreichten Größe x und der vom Management an die Unternehmensleitung berichteten Größe x^*. Der Bonus für die Mitarbeiter wird an eine möglichst weitgehende Übereinstimmung zwischen x und x^* gekoppelt. So wird die Meldung der Wahrheit belohnt, während diejenigen, die falsche Angaben machen, bestraft werden. Es muss ein Bonusfaktor a^*,

a_1, a_2 vorgegeben werden mit der Bedingung $0 < a_1 < a^* < a_2$. Der Manager erhält nach dem Weitzmann-Schema dann folgenden Bonus:

1. Für den Fall, dass $x = x^*$: $a^* \cdot x^*$
2. Für den Fall, dass $x > x^*$: $a^* \cdot x^* + a_1 \cdot (x - x^*)$
3. Für den Fall, dass $x < x^*$: $a^* \cdot x^* + a_2 \cdot (x^* - x)$

Bei Anwendung dieses Systems zahlt es sich für dezentrale Manager aus, die Wahrheit zu sagen.

Beispiel: Bonusbemessung nach dem Weitzmann-Schema

Nehmen wir an, dass ein Manager den Wert für den künftigen Gewinn seines Teilbetriebs $x = 200$ genau kennt. Die Bonusfaktoren werden vorgegeben mit:

- $a_1 = 0,1$
- $a^* = 0,2$
- $a_2 = 0,3$

Wenn er dies wahrheitsgemäß berichtet, erhält er als Bonus (Fall 1):

$$x^* \cdot a^* = 200 \cdot 0,2 = 40$$

Wenn er bei der Abgabe des Plans untertreibt und 100 angibt, so erhält er als Bonus (Fall 2):

$$a^* \cdot x^* + a_1 \cdot (x - x^*) = 0,2 \cdot 100 + 0,1 \cdot (200 - 100) = 20 + 10 = 30$$

Wenn er bei der Abgabeuntertreibt und 300 angibt, so erhält der Manager den folgenden Bonus (Fall 3):

$$a^* \cdot x^* + a_2 \cdot (x^* - x) = 0,2 \cdot 300 + 0,3(100-200) = 60 - 30 = 30$$

Man erkennt, dass der Manager durch das Weitzmann-Schema belohnt wird, wenn er die Wahrheit sagt. Den maximalen Bonus gibt es nur dann, wenn das geplante und das tatsächliche Ergebnis übereinstimmen.

Das Weitzmann-Schema führt dazu, dass derjenige den höchsten Bonus erhält, der die Wahrheit in der Planungsphase sagt. Der bei herkömmlichen Budgetierungsprozessen belohnte Fall, die eigenen Leistungsmöglichkeiten bewusst zu unterschätzen und damit leicht an einen Bonus zu gelangen, wird durch das Anreizschema zunichtegemacht. Kritisch anzumerken ist allerdings, dass die Annahme einer exakten Kenntnis des tatsächlich erreichbaren Wertes, unrealistisch ist. Allerdings kann man tendenziell der Annahme zustimmen, dass derjenige, der die Planwerte eingibt, besser über die erreichbaren Werte Bescheid weiß als das zentrale Controlling.

Praktisch angewendet wurde eine Variante aus dem Weitzmann-Schema bei der Baumarkt-Kette OBI in den 90er-Jahren, die ihre Filialen mit Hilfe des Weitzmann-Schemas gesteuert haben (Creusen 1990).

3.6 Alternative Planungsansätze

Aufgrund der Probleme in der Planung mit hidden information, die die Funktionsfähigkeit der Planung gefährdet, sind viele Unternehmen inzwischen sehr skeptisch geworden oder verzichten gar ganz auf eine Budgetierung. So hat der Liechtensteiner Bohrmaschinenhersteller HILTI 2005 weltweit die Unternehmensplanung abgeschafft.

Andere Unternehmen planen weiterhin, sehen den Nutzen dieses Instruments allerdings kritisch. Nach einer empirischen Untersuchung verwenden Controller im Durchschnitt 120 Tage pro Jahr auf die Erstellung der Planung. Unterstellt man circa 220 Arbeitstage pro Jahr (Kalenderjahr abzüglich Wochenenden und Urlaubs- bzw. Krankheitstage) stellt dies mehr als die Hälfte des Arbeitsjahres dar, die eine ganze Abteilung sich allein der Erstellung der Planung widmet (Nevries et al. 2009, S. 238). Es ist fraglich, ob dieser Aufwand den unbestreitbaren Nutzen der Planung rechtfertigt.

Aus diesen Überlegungen heraus ergeben sich verschiedene Lösungen. Insbesondere drei Lösungsansätze werden in Theorie und Praxis des Controllings vertreten:

1. Das **Better Budgeting** (verbesserte Planung/Budgetierung): Hier werden punktuelle Verbesserungen an der traditionellen Planung vorgenommen, um die größten Kritikpunkte abzufedern. So soll sich die Unternehmensplanung auf wenige besonders relevante Kostenarten und Kostenstellen konzentrieren. Die Vergangenheitsorientierung soll soweit wie möglich aufgegeben werden. Anstelle des Jahresbudgets tritt beim Better Budgeting eine Fünfquartalssicht mit einem **Rolling Forecast**. Dieser Forecast nimmt eine Feinplanung jeweils für das nächste Quartal vor. Die Quartale 2 bis 4 werden aus der letzten Rolling Forecast Planung übernommen. Das fünfte Quartal wird neu geplant. Drei Monate später wird wiederum das am nächsten liegende Quartal fein geplant (die Grobplanung aus dem letzten Rolling Forecast wird entsprechend verfeinert und eventuell geändert). Die Quartale 2 bis 4 werden stehengelassen bzw. bei Bedarf angepasst. Es wird dann ein neues fünftes Quartal geplant.

2. Beim **Advanced Budgeting** werden Instrumente eingesetzt, die eine stärkere Marktorientierung und Fokussierung der Planung erreichen sollen. Marktorientierung bedeutet dabei, dass Sie sich in der Planung weniger mit dem Unternehmen selbst befassen sollen. Hiermit wird der häufig geäußerte Kritikpunkt aufgenommen, dass in der Planungsphase der Kundenkontakt vernachlässigt wird, da die Manager mit dem Unternehmen selbst beschäftigt sind. Mit der Fokussierung soll der Kritikpunkt aufgenommen werden, dass zu viele Daten produziert werden, die

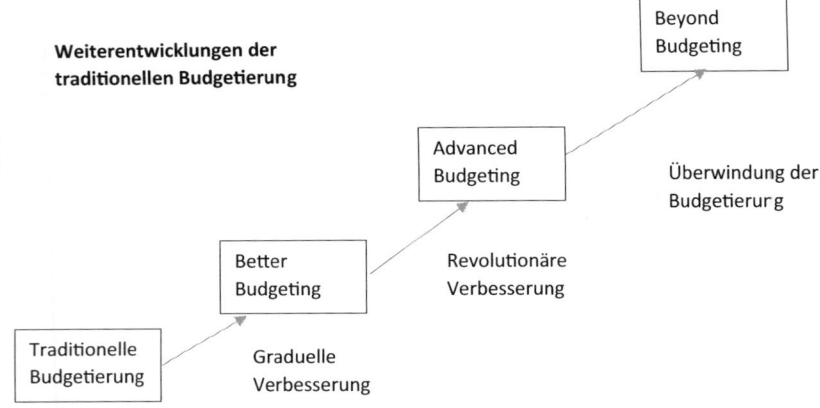

☐ Abb. 3.7 Veränderungsintensität der Planung durch alternative Planungsansätze. (Eigene Darstellung in Anlehnung an Gleich et al. 2006, S. 25)

am Ende nicht genutzt werden. Die Methode lehnt sich stark an die Prozesskostenrechnung an.

3. Das **Beyond Budgeting** (Überwinden der Planung/Budgetierung): Hier wird die traditionelle Budgetierung als Ganzes über Bord geworfen und etwas gänzlich Neues versucht. Dies ist die revolutionärste Vorgehensweise. Starre Konzepte, wie sie die traditionelle Planung anbietet (Zielvorgabe – Zielerreichung mit Überprüfung nach einer festen Zeitspanne) sollen nicht mehr stattfinden. Stattdessen sollen adaptive Prozesse etabliert werden, die Veränderungen in der Umwelt berücksichtigen und damit schneller verändert werden können und die Leistungsbereitschaft des Managements auch über lange Zeiträume aufrecht halten. So kann man sich vorstellen, dass die Umsatzziele eines Bereichs durch einen Konjunktureinbruch nicht mehr zu erreichen sind. Dies führt in dem Modell der traditionellen Budgetierung nicht zu einer Veränderung der Ziele. Stattdessen weiß der Manager schon vor Ablauf der Planperiode, dass er seine Leistungsziele nicht erreichen wird. Entsprechend demotiviert wird er seine Arbeit für die nächste Zeit angehen. Dies führt allein durch falsche Anreizsetzung und Planungsmechanismen zu negativen Auswirkungen auf das Unternehmen.

Alle Methoden haben einen anderen Anspruch an die Veränderung der Unternehmensplanung: Von gradueller über revolutionäre Veränderung bis hin zur Überwindung der Planung (siehe ☐ Abb. 3.7). Viele Unternehmen übernehmen die Methoden zur graduellen Verbesserung der Planung bzw. bedienen sich einzelner Elemente aus den Konzepten. Eine Umsetzung des sehr umfangreichen Konzepts Beyond Budgeting ist sehr selten, da es auch neben einem kulturellen Wandel erhebliche Veränderungskosten mit sich bringt. Ganz auf Planung verzichten bzw. haben verzichtet insbesondere Unternehmen aus dem skandinavischen Raum, beispielsweise Volvo oder Svenska Handelsbanken.

3.7 Lern-Kontrolle

Kurz und bündig

Planung beschäftigt sich mit der Zukunft des Unternehmens. Durch die Planung werden alle Abteilungen dazu gebracht, miteinander über künftige Handlungen zu sprechen, die Aktivitäten der einzelnen Abteilungen werden koordiniert. Zudem führt in vielen Fällen die Planerfüllung zur Ausschüttung einer variablen Vergütung. Durch die Verknüpfung zwischen variabler Vergütung und Planung wird allerdings ein Anreiz für Mitarbeiter geschaffen, bei der Zielfindung nicht die Wahrheit zu sagen sondern ein leicht erreichbares Ziel festzulegen.

Viele Unternehmen geben als Ziel die Wertorientierung an. Der Wert aus Sicht der Eigenkapitalgeber ist der Shareholder Value. Zur Ermittlung werden die zukünftig erwarteten Free Cashflows mit den gewichteten Kapitalkosten (WACC), die die Eigen- und Fremdkapitalkosten entsprechend der Finanzierungsstruktur des Unternehmens repräsentieren, auf ihren Gegenwartswert diskontiert. Die WACC stellen damit die Renditehürde dar, die übersprungen werden muss, um eine Investition wertschaffend zu machen. Werden neben den Interessen der Eigentümer auch die unmittelbaren Wünsche der anderen Stakeholder in der Zielsetzung berücksichtigt, spricht man vom Stakeholder Value. Problematisch ist allerdings dessen eindeutige Quantifizierung.

Aufgrund der mannigfaltigen Kritik an der herkömmlichen Planungsmethodik, haben sich alternative Planungsansätze entwickelt. Diese reichen von punktuellen Verbesserungen (Better Budgeting) bis hin zu einem vollständigen Verzicht auf Planung (Beyond Budgeting).

❓ Let's check

Überlegen Sie, ob die folgenden Aussagen richtig oder falsch sind:

- Planung ist ein Mittel, die Unsicherheit im Unternehmen „in den Griff" zu bekommen.
- Für den Inhalt des Plans sind die Controller verantwortlich.
- Das Planungsmanagement ist Aufgabe des Controllings.
- Die Planung hat u. a. die Funktion dafür zu sorgen, dass Abteilungen miteinander reden und sich untereinander koordinieren.
- Basisziele sind fundamental für das gesamte Unternehmen und stehen über den operativen Zielen.
- Operative und strategische Ziele sind unabhängig voneinander, da sie unterschiedliche Sachverhalte beinhalten.

- Ziele wie Umweltschutz und Nachhaltigkeit werden im letzten Jahrzehnt nach empirischen Befunden immer unbedeutender.
- Der Shareholder Value bezeichnet den Wert des Unternehmens aus Sicht der Eigentümer.
- Die WACC stellt die aus Eigen- und Fremdkapitalkosten gewichtete Mindestrendite eines Unternehmens dar.
- Werden in der Zielsetzung eines Unternehmens auch die Ziele von anderen Anspruchsgruppen einbezogen spricht man von Stakeholder Value.
- Das Stakeholder Value lässt sich einfach mit analytischen Methoden berechnen.
- Bevorzugt sollte man Ziele auf Basis der vergangenen Ergebnisse bestimmen. Dadurch können Verbesserungspotentiale sehr gut erkannt werden.
- Der Ratchet-Effekt besagt, dass man ein Ziel aus psychologischen Gründen nie unter dem einmal erreichten Ergebnis ansetzen kann.
- Schwellenwerte bei der Bonusvereinbarung können besondere Probleme bereiten.
- In dem Weitzmann-Schema (sowjetisches Anreizschema) wird derjenige bei der Bonusbemessung belohnt, der bei der Planung die Wahrheit sagt.

❓ Vernetzende Aufgaben

1. Das mittelständische Internetunternehmen Maximal GmbH wurde von Herrn M gegründet. Es ist rasant gewachsen. Noch fehlen Abteilungsstrukturen, wie sie von Großunternehmen bekannt sind. Herr M. hat Sie zu seiner Unterstützung als Controller eingestellt. Sie erhalten die Aufgabe, einen Planungsprozess auszugestalten. Dabei sollen Sie darauf achten, dass die Mitarbeiter möglichst wenig Zeit investieren müssen, aber doch motiviert bleiben. Des Weiteren soll der Planungsprozess die dynamische Entwicklung des Unternehmens in einer sich schnell wandelnden Umwelt berücksichtigen. Machen Sie Vorschläge für den Ablauf der Planung.

2. Die Minimal GmbH hat im vergangenen Geschäftsjahr einen Umsatz im Vertriebsgebiet Nord in Höhe von 1,2 MEUR gemacht. Als Ziel für den Vertriebsleiter werden 1,3 MEUR von der Unternehmensleitung vorgegeben. In den Planungsgesprächen äußert der Vertriebsleiter seine Unzufriedenheit, da diese Zielhöhe aus seiner Sicht unrealistisch ist. Im vergangenen Jahr hatte Minimal einen außergewöhnlichen Auftrag vereinnahmt, dessen Wiederholung unrealistisch ist. Beurteilen Sie diese Diskussionslage! Welchen Kompromissvorschlag würden Sie zur Lösung des Problems machen?

ℹ️ Lesen und Vertiefen

- Ehrmann, H (2013) Unternehmensplanung. 6. Auflage, nwb, Herne.
  Das Buch befasst sich ausführlich mit dem Ablauf und den Rahmenbedingungen der Planung. Es stellt die Grundfragen gegliedert nach operativen und strategischen Plänen dar.

- Gleich, R et al. (2014) Moderne Instrumente der Planung und Budgetierung. Innovative Ansätze und Best Practice für die Unternehmenssteuerung. 2. Auflage, Haufe, Freiburg.

   Dieser Herausgeberband ist im Wesentlichen für Fortgeschrittene geeignet und gibt insbesondere Erweiterungen in die modernen Planungsansätze. Hier finden sich auch interessante Aufsätze zu Fragen der EDV-Unterstützung der Planung und Fallbeispiele aus der Unternehmenspraxis.

- Rapaport, A (1994) Creating Shareholder Value. 2. Auflage, Schäffer-Poeschel, Stuttgart

   Dieses Buch ist relevant für alle diejenigen, die sich ein Bild aus erster Hand zum Thema Shareholder Value machen wollen. Die Originalquelle ist leicht lesbar und trotz des Erscheinungsjahrs immer noch aktuell.

Die Kontrollfunktion
des Controllings

4.1   Grundlagen der Kontrollfunktion – 100

4.2   Soll-Ist Vergleich und Abweichungsanalyse – 102

4.3   Problemfelder der Kontrollfunktion – 105

4.4   Lern-Kontrolle – 106

© Springer Fachmedien Wiesbaden GmbH 2018
S. Behringer, *Controlling*, Studienwissen kompakt,
https://doi.org/10.1007/978-3-658-18380-6_4

Lern-Agenda

Die Kontrollfunktion stellt die Synthese der beiden in ▶ Kap. 2 (Informationsfunktion) und ▶ Kap. 3 (Steuerungsfunktion) beschriebenen Controllingfunktionen dar. Soll (Planung aus der Steuerungsfunktion) und Ist (Informationen aus der Informationsfunktion) werden gegenübergestellt und es wird kontrolliert, wie sich die beiden Größen unterscheiden. Dabei gibt es zum einen eine rein rechnerische Aktivität: Wie weichen beide voneinander ab? Anspruchsvoller als diese leicht automatisierbare Tätigkeit ist die Frage, worin die Unterschiede begründet und welche Schlussfolgerungen aus den Abweichungen zu ziehen sind. Insbesondere in der Kontrollfunktion ist vielfach psychologisches Gespür von Controllern gefragt, da Kontrolle mit negativen Gefühlen bei den Kontrollierten verbunden ist.

Die Kontrollfunktion des Controllings

Grundlagen der Kontrollfunktion	Welchen Zweck erfüllt die Kontrolle in Unternehmen? Wie läuft der Prozess der Kontrolle in Unternehmen ab?	▶ Abschn. 4.1
Soll-Ist-Vergleich und Abweichungsanalyse	Wie bestimmt man Mengen- und Preisabweichung? Wie bestimmt und interpretiert man die Sekundärabweichung?	▶ Abschn. 4.2
Problemfelder der Kontrollfunktion	Wo liegen psychologische Probleme in der Kontrollfunktion? Wie sollte man mit sunk costs umgehen?	▶ Abschn. 4.3

4.1   Grundlagen der Kontrollfunktion

Kontrolle wird häufig mit negativen Assoziationen verbunden. Wer lässt sich schon gerne kontrollieren? Kontrollen finden in Organisationen selten Zuspruch. Sie werden meist als lästig, unerwünscht oder gar verhasst empfunden, Kontrollen sind unbeliebt (Gabele 1982, S. VII). Wer kontrolliert, will seine Meinung auch gegen Wiederstände durchsetzen.

Darauf, dass Controlling häufig fälschlicherweise auf Kontrolle reduziert wird, ist bereits hingewiesen worden (▶ Kap. 1). Allerdings gehört Kontrolle sehr wohl zu den Aufgaben des Controllings, wenn es auch nicht die ausschließliche Aufgabe ist.

> **Merke!**
>
> **Kontrolle** kann man als Vergleich zwischen geplanten und realisierten Werten verstehen, die sich aus dem betrieblichen Handeln ergeben haben (vgl. Frese 1968, S. 53). Somit ist die Kontrolle nichts anderes als die andere Seite der Planung. Die Planung entwickelt die Soll-Vorgaben für das Unternehmen, die Kontrolle prüft die Einhaltung der geplanten Werte durch einen Abgleich mit den tatsächlich erreichten Werten.

Der Zusammenhang zwischen Planung und Kontrolle ist also stark: „Planung ohne Kontrolle ist sinnlos. Kontrolle ohne Planung unmöglich." (Wild 1982, S. 44).

Kontrolle folgt einem dreistufigen Prozess (Weber und Schäffer 2016, S. 284 ff.):

1. Es wird ein Soll-Ist Vergleich vorgenommen. Dieser Vergleich ist ein rein technischer Vorgang, der auch automatisiert werden kann. Hinzu kommt aber auch die Prüfung der Genauigkeit der verwendeten Daten. Dabei ist darauf zu achten, dass ein Soll-Ist Vergleich nur dann funktionieren kann, wenn die Soll Daten nach genau den gleichen Regeln zustande gekommen sind wie die Ist Daten.
2. In der zweiten Phase wird analysiert, welche Ursachen die Soll-Ist Abweichungen haben. Das Controlling vergleicht dabei die Planannahmen mit den tatsächlichen Bedingungen, wie sie sich im Rechnungswesen niederschlagen.
3. In der dritten Phase werden dann Korrekturmaßnahmen abgeleitet, die dazu beitragen sollen, die Lücke zwischen Soll und Ist wieder zu schließen. In dieser dritten Phase arbeitet der Controller mit den Bereichen, die kontrolliert werden, zusammen. Der Controller allein verfügt meistens nicht über das notwendige Fachwissen, die Abweichungsmaßnahmen alleine festlegen zu können. Dies geschieht natürlich nur, wenn es sich um negative Planabweichungen handelt. Positive Planabweichungen können ihre Ursache aber auch in falschen Annahmen haben. Auch dies muss im nächsten Planungsprozess wieder thematisiert werden (vgl. auch ▶ Abschn. 3.4).

Kontrolle dient damit im Wesentlichen der Verhaltensbeeinflussung. Dies trägt auch dazu bei, dass bei dem Kontrollierten ein Lerneffekt auftritt. Die Abweichung zwischen Soll und Ist hat die Ursache in einem Handeln oder Unterlassen des Kontrollierten. Die Konsequenzen daraus zeigen sich in der Soll-Ist Abweichung. Letztlich trägt Kontrolle damit zur besseren Durchsetzung von Zielen bei. Durch die Kontrolle ist die Erreichung der Ziele stets präsent und die verantwortlichen Manager müssen sich über das ganze Geschäftsjahr dazu äußern, wie sie bestimmte Ziele erreichen wollen, die außer Sicht zu geraten scheinen. Studien haben ergeben, dass menschliches Handeln durch Kontrolle, die Ankündigung von Kontrolle oder schlicht das Vorhandensein einer Kontrollinstanz beeinflusst wird (vgl. Churchill und Cooper 1966). So kann allein die

Ankündigung von Kontrollen dazu führen, dass Mitarbeiter ihre Leistungsbemühungen erhöhen. Daher ist Kontrolle trotz der damit verbundenen negativen Konnotation für das unternehmerische Handeln außerordentlich wichtig.

4.2   Soll-Ist Vergleich und Abweichungsanalyse

Der reine Soll-Ist Vergleich wird meistens automatisiert in den Monatsberichten, die das Controlling zumeist an den ersten Werktagen eines neuen Monats für das Management aufbereitet, vorgenommen. Diese Berichte sind für interne Zwecke gedacht und sollen das Management über die Entwicklungen in den relevanten Bereichen informieren.

Es gibt Standardberichte, die regelmäßig zu festen Zeiten an einen festgelegten Empfängerkreis geliefert werden. So gibt es in großen Unternehmen i. d. R. einen Monatsbericht für das Management. Daneben gibt es Abweichungsberichte, die dann vom Controlling erstellt werden, wenn bestimmte Schwellenwerte über- oder unterschritten werden. Wenn es z. B. bei einer Tochtergesellschaft bei den Umsätzen eine Unterschreitung des Planes von 10 % gibt, wird ein Abweichungsbericht erstellt. Diese weit verbreitete Vorgehensweise entspricht dem management by exception, da die Berichte nur ausnahmsweise aufgestellt werden. Daneben gibt es noch individuelle Berichte, die das Controlling auf Anforderung eines Empfängers erstellt und der spezielle vom Adressaten erwünschte und definierte Inhalte hat. Bei Standard- und Abweichungsberichten werden den Istwerten systematisch die Sollwerte gegenübergestellt und eine Abweichung als Differenz ermittelt.

Häufig werden Abweichungen durch graphische Darstellungen plastisch gemacht. So gibt es Ampeldarstellungen, die mit grün darstellen, dass der Bereich über oder auf Planniveau liegt. Bei gelb gibt es Planabweichungen, durch die die Planerreichung gefährdet ist und rot zeigt an, dass der Plan nicht mehr erreichbar ist. Möglich ist auch die Darstellung mit Tachometern, wobei die Tachonadel anzeigt, ob man im roten, im gelben oder im grünen Bereich ist. Diese Graphiken werden automatisch durch die Controllingsoftware generiert. Damit wird dem Manager die Interpretation der Berichte erleichtert und er wird schnell darauf hingewiesen, wo Bedarf besteht, Dinge genauer zu hinterfragen. Dies ist meistens notwendig, da Manager wenig Zeit haben, sich intensiv mit den Berichten zu befassen. So hat eine Studie unter schwedischen Managern ergeben, dass ein Manager für 45 % seiner Aktivitäten nicht mehr als 9 Min Zeit hat, für 42 % seiner Aktivitäten wendet er eine Zeit zwischen 9 und 60 Min auf und nur in 13 % der Aktivitäten hat er mehr als 60 Min Zeit (vgl. Tengblad 2006). Diese kurzen Zeitspannen reichen nicht aus, um selbst einen konzisen Monatsbericht in der gebotenen Ausführlichkeit zu analysieren.

Während der Soll-Ist Vergleich eine rechnerische Aufgabe ist, handelt es sich bei der Abweichungsanalyse um eine Mischung aus rechnerischen und intuitiven Aufgaben. Die aus der Kostenrechnung entwickelte Abweichungsanalyse führt die Abweichungen auf ihre rechnerischen Ursachen zurück. Kosten sind das Produkt aus Menge und Preis, daher können Abweichungen aus drei Ursachen entstehen:

- **Mengenabweichung:** Es wurde eine höhere Menge als geplant verwendet. Rechnerisch ergibt sich die Mengenabweichung als Produkt der Mengenänderung mit dem Planpreis.
- **Preisabweichung:** Die Preise für die zu beschaffenden Produktionsfaktoren haben sich gegenüber dem Plan verändert. Rechnerisch ergibt sich die Preisabweichung als Multiplikation von Preisänderung und Planmenge.
- **Sekundärabweichung:** Es gibt einen Teil der Abweichung, der sich auf beide Abweichungsarten gleichzeitig bezieht und sich theoretisch nicht der einen oder der anderen Art zurechnen lässt. Dies ist rechnerisch das Produkt aus Preis- und Mengenabweichung.

In der Kostenrechnung werden diese drei Abweichungsarten der Verantwortlichkeit eines Kostenstellenleiters zugeordnet. Die Preisabweichung kann nicht verantwortet werden, die Mengenabweichung sehr wohl. Die Sekundärabweichung wird nicht der Verantwortlichkeit des Kostenstellenmanagers zugeordnet.

Beispiel: Preis-, Mengen- und Sekundärabweichung bei der Kitty Fitness GmbH
Die Kitty Fitness GmbH stellt Gewichte her, die u. a. aus Eisen bestehen. Der Preis für 1 kg Eisen wird mit $p_p = 5$ € geplant. Der tiefgestellte Index p steht für den Planwert. Der Kostenstellenleiter plant mit einer Verbrauchsmenge $x_p = 1000$. Es ergibt sich die Kostenfunktion für den Plan K_p:

$$K_p = x_p \cdot p_p = 1000 \cdot 5 = 5000$$

Nach Abschluss der Planperiode stellt das Controlling eine Kontrollrechnung auf. Das i im tiefgestellten Index steht dabei für Istwerte:

$$K_i = x_i \cdot p_i = 1100 \cdot 6 = 6600$$

Offensichtlich hat der Kostenstellenleiter die geplanten Kosten verfehlt. Es sind 1100 kg Eisen zu einem Preis von 6 € verbraucht worden. Die gesamte Abweichung ergibt sich als:

$$\Delta K = K_i - K_p = x_i \cdot p_i - x_p \cdot p_p = 6600 - 5000 = 1600$$

Da sowohl Preis als auch Menge über den geplanten Wert gestiegen sind, haben beide auch einen Beitrag zur Gesamtkostensteigerung geleistet. Dieser lässt sich berechnen, wenn man zunächst beim Preis die Plan- und Istkosten einfügt, während bei der Menge nur die Plankosten verbleiben:

$$\Delta K_p = x_p \cdot p_i - x_p \cdot p_p = 1000 \cdot 6 - 1000 \cdot 5 = 6000 - 5000 = 1000$$

Die Preisabweichung beträgt somit 1000 €. Variiert man nur die Menge und belässt den Preis auf Planniveau kann man die Mengenabweichung berechnen:

$$\Delta K_i = x_i \cdot p_p - x_p \cdot p_p = 1100 \cdot 5 - 1000 \cdot 5 = 5500 - 5000 = 500$$

Somit beträgt die Mengenabweichung 500 €.

Das Ergebnis erstaunt. Die Gesamtabweichung beträgt 1600 €, die beiden Abweichungsarten bringen zusammen aber nur eine Erklärung von 1500 €. Es fragt sich, worin die weitere Erhöhung der Kosten von 100 € begründet liegt. Die Begründung liegt darin, dass die zusätzlichen 100 kg Eisen (also die Mengenabweichung) ebenfalls 1 € mehr pro kg gekostet haben. Dieser Effekt ist aber weder eindeutig eine Mengen- noch eine Preisabweichung. Sie wird deshalb als **Sekundärabweichung** bezeichnet. Mathematisch ergibt sich die Sekundärabweichung aus der Multiplikation der Planabweichungen von Menge und Preis, wobei der tiefgestellte Index s für die Sekundärabweichung steht:

$$\Delta K_s = \left(p_i - p_p\right) \cdot \left(x_i - x_p\right) = (6 - 5) \cdot (1100 - 1000) = 1 \cdot 100 = 100$$

Die Sekundärabweichung ergibt sich also aus dem Zusammenspiel von Preis- und Mengenabweichung. Sie ist weder der einen noch der anderen Art direkt zurechenbar.

Auch wenn die Gedanken der Abweichungsanalyse sehr stark für Unternehmen mit industrieller Fertigung entwickelt worden sind, so ist die Grundidee doch auf Unternehmen anderer Branchen übertragbar. So kann eine Überschreitung des Personalbudgets auf den Einsatz von mehr Leiharbeitern zurückzuführen sein oder aber auf eine ungeplante Steigerung der Löhne und Gehälter. Der Mehreinsatz wäre eine Mengenabweichung, die Lohnerhöhung eine Preisabweichung.

Mit dieser rein rechnerischen Zuordnung sind die sachlichen Ursachen für die Abweichung noch nicht ermittelt. Die Ursachenanalyse kann meist vom Controlling nicht alleine durchgeführt werden. Hierzu benötigt es die Unterstützung der operativen Abteilungen. So kann der Einsatz von Leiharbeitern durch einen erhöhten Krankenstand oder durch höhere nachgefragte Leistungen verursacht worden sein. Beides hat unterschiedliche Handlungsempfehlungen zur Folge: Sind die nachgefragten Leistungen dauerhaft höher, so kann eine kostengünstigere Festeinstellung sinnvoll sein. Ist dagegen der kurzzeitig erhöhte Krankenstand für den Einsatz von Leiharbeitern verantwortlich, ist dies hinzunehmen und keine weitere Maßnahme einzuleiten. Ist die Preisabweichung entstanden durch eine unerwartet hohe Tariferhöhung, so kann der Leiter der Abteilung nicht für die Überschreitung des Personalkostenbudgets verantwortlich gemacht werden. Liegt die Ursache aber darin, dass ein abwanderungswilliger Mitarbeiter durch eine individuelle Gehaltserhöhung gehalten werden soll, ist die Verantwortlichkeit doch bei dem Abteilungsleiter.

4.3 Problemfelder der Kontrollfunktion

Genau wie alle anderen Funktionen des Controllings wird auch bei der Kontrollfunktion das Bild des rationalen Entscheiders oder Ratgebers durch kognitive Verzerrungen gestört. Ein weit verbreitetes Phänomen ist es, dass komplette Neubewertungen von Projekten bei negativen Planabweichungen nicht vorgenommen werden. Betrachtet man ein groß angelegtes Forschungsprojekt beispielsweise für ein neues Arzneimittel, kann es passieren, dass sich ein ursprünglich positives Projekt nicht mehr rechnet. Die Ursache könnte in einer verspäteten oder zu teuren Erreichung von Meilensteinen im Projekt liegen. Ein rationaler Entscheidungsträger müsste dieses Projekt vollkommen neubewerten und aufgrund der neuen Erkenntnisse abbrechen, sofern der Nutzen des Abbruchs für das Unternehmen höher ist als die Weiterführung (vgl. Meredith 1988, S. 31). Empirisch lässt sich allerdings feststellen, dass Abbruchentscheidungen systematisch zu spät getroffen werden (vgl. Cheng et al. 2003, S. 64). Das gleiche Phänomen lässt sich bei allen Projekten erkennen, in denen **sunk costs** anfallen. Sunk costs sind Kosten, die bereits angefallen und damit irreversibel sind. Sie haben keine Entscheidungsrelevanz mehr, da sie nicht mehr zu ändern sind.

Gründe für dieses Phänomen können sich in den Verhaltensweisen von Entscheidungsträgern finden. Die Psychologen und Nobelpreisträger für Wirtschaftswissenschaften Kahnemann und Tversky (Kahnemann und Tversky 1979, S. 263 ff.) haben die **Prospect Theory** zur Erklärung des Verhaltens von Menschen unter Unsicherheit entwickelt. Grundsätzlich sind Menschen in ihren Entscheidungen risikoscheu, das Verhalten ändert sich jedoch entscheidend, wenn das derzeitige Ergebnis über oder unter einem Referenzpunkt liegt. Der für das Controlling in vielen Sachverhalten relevante Referenzpunkt ist der Planwert. Hat der Entscheidungsträger derzeit eine positive Planabweichung, so entscheidet er risikoscheu, um den bereits erzielten (aber noch nicht realisierten) Gewinn nicht zu verlieren. Handelt es sich allerdings um eine negative Planabweichung, so sucht der Entscheidungsträger das Risiko, um jede Chance zu nutzen, den bereits entstandenen (aber noch nicht realisierten) Verlust wieder auszugleichen.

Ergänzt man diesen Effekt um die Erkenntnisse des **mental accounting** (vgl. Thaler 1985) wird das Problem, was sich dem Controlling in seiner Funktion als Rationalitätsanwalt stellt, deutlicher. Nach dem mental accounting ordnen Menschen bestimmte Ausgaben Kategorien, ähnlich wie den Konten des externen und internen Rechnungswesens, zu. Das bedeutet, dass ein Entscheidungsträger ein mentales Konto führt, auf dem die sunk costs des Forschungsprojektes geführt werden. Dieses gedankliche Konto muss dann geschlossen werden, wenn das Projekt abgebrochen wird, in dem Moment wird der Verlust realisiert. Wird das Projekt weitergeführt, besteht die Chance, dass das Projekt den derzeitigen Verlust noch aufholt und damit das Konto ausgeglichen bzw. sogar positiv abgeschlossen werden kann. Dass Menschen die Tendenz haben, verlustreiche mentale Konten länger offen zu halten, ist in einer ganzen Reihe von experimentellen Studien festgestellt worden:

Beispiel: mental accounting

Das Phänomen lässt sich an einem Gedankenexperiment (vgl. Thaler 1999, S. 191) verdeutlichen. Nehmen wir an, eine Studentin hat ein Paar teure Schuhe gekauft. Im Schuhladen waren sie bequem und haben nicht gedrückt. Beim ersten Tragen stellen sie sich allerdings als unbequem heraus. Thaler macht folgende Voraussagen zum Umgang mit diesem Problem: Zunächst wird die Studentin versuchen, die Schuhe zu tragen, je teurer die Schuhe waren, umso mehr Versuche wird sie wagen. Irgendwann wird sie aufhören die Schuhe zu tragen. Sie wird sie aber nicht wegschmeißen, sondern aufbewahren. Je teurer die Schuhe waren, umso länger wird sie sie aufbewahren. Letztlich wird die Studentin aber die Schuhe irgendwann unabhängig davon, wie teuer sie waren, wegschmeißen. Nämlich dann, wenn der Kaufpreis mental abgeschrieben ist. Dieses Verhalten dürfte den meisten Konsumenten bekannt vorkommen.

Es lässt sich zusammenfassen, dass Projekte häufig zu spät gestoppt werden, Bereiche zu spät geschlossen werden oder andere Entscheidungen zu lange aufgeschoben werden. Für Controller ist es wichtig, um diese kognitiven Verzerrungen zu wissen. Da Controller nicht selber Entscheidungsträger sind, hat er die Möglichkeit, hier mehr Rationalität an den Tag zu legen und in seiner Rolle als advocatus diaboli zum richtigen Zeitpunkt auf die Beendigung eines Projektes hinzuweisen. Für diese wichtige Aufgabe des Controllers spricht auch, dass in experimentellen Studien festgestellt worden ist, dass Manager eher bereit sind in verlustträchtige Geschäfte zu investieren, wenn sie selbst die Entscheidung getroffen haben, die zu dem verlustträchtigen Geschäft geführt hat (vgl. Staw und Fox 1977).

4.4 Lern-Kontrolle

Kurz und bündig

Kontrolle ist nicht die alleinige Aufgabe des Controllings, es ist jedoch ein außerordentlich wichtiges Element der Tätigkeit. Für jedes unternehmerische Handeln ist Kontrolle bedeutend, da allein durch die Ankündigung von Kontrollen die handelnden Personen ihr Verhalten ändern.

Die Kontrolle im Controlling beginnt mit einem Soll-Ist Vergleich. Es werden geplante Daten mit tatsächlich erreichten Daten verglichen. Dabei gibt es zuerst eine rechnerische Betrachtung der Abweichungen. Die Ursachen werden in der Abweichungsanalyse ermittelt. Es gibt Abweichungen, die auf Preisabweichungen (ein Lieferant hat seine Preise verändert) und solche, die auf Mengenabweichungen (es wurde mehr Menge verbraucht) zurückzuführen sind. Daneben gibt es die Sekundärabweichung, die sich aus der Multiplikation von veränderter Menge und verändertem Preis ergibt und daher nicht genau klassifizierbar ist.

Bei der Analyse, welche Konsequenzen aus Abweichungen gezogen werden sollen, spielen psychologische Faktoren eine wichtige Rolle. Insbesondere führen Verzerrungen im

Zusammenhang mit irreversiblen Kosten (sunk costs) dazu, dass Projekte nicht aufgegeben werden, obwohl sie sich nicht mehr rechnen. Das Controlling muss als Rationalitätsanwalt im Unternehmen diese Verzerrungen kennen und sie in ihren Empfehlungen berücksichtigen.

❓ Let's check

Überlegen Sie, ob die folgenden Aussagen richtig oder falsch sind:

- Planung und Kontrolle stehen in einem engen Zusammenhang zueinander.
- Am Beginn der Kontrolle steht die analytische Suche nach Abweichungsursachen.
- Die Suche nach Abweichungsursachen lässt sich leicht automatisieren.
- Aufgrund des Zeitdrucks im Management ist es sinnvoll, bestimmte Sachverhalte zu visualisieren.
- Mengen- und Preisabweichungen sind die ausschließlichen Gründe für Abweichungen vom Plan.
- Sekundärabweichungen entstehen rechnerisch aus dem Produkt von Mengen- und Preisabweichung.
- Sunk Costs sind irreversible Kosten, die bei einer Entscheidungsrechnung unbeachtet bleiben sollten.

❓ Vernetzende Aufgaben

1. In einer Kostenstelle werden die folgenden Preise und Mengen geplant: Die einzige zu verwendende Materialart soll mit 120 kg verbraucht werden. Ein Kilo soll 14 € kosten. Tatsächlich werden in dem Monat 160 kg verbraucht. Der Preis steigt auf 16 € je kg an. Ermitteln Sie die Preis-, Mengen- und Sekundärabweichung rechnerisch und überlegen Sie die Verantwortlichkeit für die einzelnen Abweichungsarten.

2. In einer deutschen Großstadt soll ein neuer Flughafen gebaut werden, der die erwartete erheblich gestiegene Zahl von Passagieren aufnehmen kann. Nach einer Bauzeit von fünf Jahren zeigt sich, dass die ursprünglichen Pläne nicht sinnvoll waren und das Projekt in dieser Form nicht profitabel weitergebaut werden kann, da die nötigen Umbauten deutlich teurer wären als der Abriss der bisherigen Bauabschnitte und ein vollständiger Neubau an anderer Stelle. Diskutieren Sie dieses Szenario vor dem Hintergrund der Problematik der sunk costs!

ℹ️ Lesen und Vertiefen

Kahnemann, D (2012) Schnelles Denken, langsames Denken. Siedler, München.
Der Nobelpreisträger Daniel Kahneman hat seine Haupterkenntnisse zu den psychologischen Einflüssen auf das menschliche Entscheidungsverhalten in einem leicht lesbaren populärwissenschaftlichen Buch zusammengefasst. Es ist für jeden Controller außerordentlich hilfreich, die hier dargestellten Verzerrungen des menschlichen Handelns zu kennen.

Trends im Controlling

5.1   Controlling und Digitalisierung – 110

5.2   Controlling und Risikomanagement – 112

5.3   Controlling und Compliance – 114

5.4   Lern-Kontrolle – 116

© Springer Fachmedien Wiesbaden GmbH 2018
S. Behringer, *Controlling*, Studienwissen kompakt,
https://doi.org/10.1007/978-3-658-18380-6_5

Lern-Agenda

Im bisherigen Buch ist gesichertes Wissen, wie Sie es in Lehrbüchern erwarten, dargestellt worden. Kap. 5 beschäftigt sich mit Trends, die absehbar sind, die sich aber noch nicht final zu Ende entwickelt haben. Daher sollen die folgenden Abschnitte, einen Einblick geben, in die erwarteten Entwicklungen und anreißen, was sich in den nächsten Jahren für Controllingabteilungen und Controller an Herausforderungen stellen werden. Dabei gibt es insbesondere zwei Entwicklungslinien, die betrachtet werden: Zum einen macht die technische Entwicklung, insbesondere die Digitalisierung, erhebliche Veränderungen bei der Datenverfügbarkeit und -verarbeitung möglich. Diese werden die Möglichkeiten des Controllings, aber auch den Alltag des Controllers stark verändern. Zum anderen hat der Gesetzgeber die Verpflichtungen von Unternehmen, insbesondere von börsennotierten Unternehmen, in Bezug auf Kontrolle, Corporate Governance und Compliance erheblich verstärkt. Dies hat sowohl auf die Tätigkeit als auch auf die Organisation des Controllings Auswirkungen.

Trends im Controlling

Controlling und Digitalisierung	Welche Auswirkungen haben die neuen Möglichkeiten der Digitalisierung und die Industrie 4.0 auf das Controlling? Welche Rolle wird dabei die neu geschaffene Tätigkeit des Data Scientists spielen?	▶ Abschn. 5.1
Controlling und Risikomanagement	Welche Aufgaben gehören zum Risikomanagement? Wie kann man diese organisatorisch im Controlling berücksichtigen?	▶ Abschn. 5.2
Controlling und Compliance	Was ist die Business Judgement Rule und wie wirkt sie sich auf das Controlling aus? Welche organisatorischen Zusammenhänge gibt es zwischen Compliance und Controlling?	▶ Abschn. 5.3

5.1 Controlling und Digitalisierung

Eine Aufgabe des Controllings ist die Bereitstellung von Informationen. Diese Aufgabe wird ganz wesentliche geprägt von der Digitalisierung und Industrie 4.0. Es werden deutlich mehr Daten verfügbar, z. B. melden verkaufte Maschinen beim Kunden zurück, wie sie eingesetzt werden und, ob eine Wartung notwendig ist oder nicht (Roth 2016, S. 5 f.). Dies ist Fluch und Segen zugleich: Es gibt mehr Informationen, die Erklärungen liefern können für Entwicklungen. Gleichzeitig steigt aber auch das Risiko des information overloads, also der Überforderung des Managements als Adressaten der Informationen. Umso wichtiger wird es einen **Gatekeeper** zu haben, der die Güte, Relevanz und Nützlichkeit der vorhandenen Informationen überwacht.

Aus dem angelsächsischen Raum kommt der Trend, eigene Abteilungen mit **Data Scientists** einzurichten. Ziel der Data Science ist es, verborgenes Wissen aus großen und unstrukturierten Datenmengen mit analytischen Methoden ans Licht zu bringen. Der Data Scientist startet seine Analysen ohne eine konkrete Hypothese. Er sucht nach verborgenen Mustern in großen unstrukturierten Datenmengen. Die Tätigkeit des Data Scientists beginnt folglich damit große Datenmengen zu strukturieren und sie für eine Analyse überhaupt zu organisieren (vgl. Davenport und Patil 2012).

Für die Unternehmensplanung wird das Instrument der **Predictive Analytics** große Bedeutung erlangen. Predictive Analytics versucht durch die Analyse vergangener Daten eventuell unter Zuhilfenahme von externen Datenbeständen, Regelmäßigkeiten zu erkennen und dadurch zukünftige Entwicklungen vorherzusagen. Diese Vorgehensweise benötigt insbesondere Expertise in Informatik.

Controller müssen beachten, dass mit den automatisch gewonnenen Vorhersagen, implizit die Planungen beeinflusst werden. Bisher wurden die Prognosen vom Controlling erstellt, jetzt werden sie maschinell erzeugt. Die Planungsergebnisse werden dabei durch die verwendeten Algorithmen vorgegeben. Die Chancen einer solchen Entwicklung liegen auf der Hand: Es können verlässlichere prognostische Aussagen in kürzerer Zeit gemacht werden. Das Risiko ist aber ebenso evident, werden Planungsannahmen rein mechanisch abgeleitet, so droht ihnen der notwendige Bezug zum tatsächlichen Geschäft zu fehlen. Das Controlling muss die Fallstricke der Algorithmen erkennen und Erkenntnisse aus alten Analysen in veränderte Algorithmen übernehmen.

Ein unkritischer Einsatz von Methoden der Data Analytics kann zu Fehlentscheidungen führen. Die langjährigen Erfahrungen des Controllings als Rationalitätssicherungsfunktion des Managements dürfen nicht verloren gehen, nur weil es vermeintlich bessere automatisierte Methoden gibt. Auch diese Methoden brauchen einen qualitativen Input, um aussagekräftig sein zu können. Controller sind prädestiniert dazu diesen Input zu leisten. Sie müssen die Rolle aber annehmen und sich auf den steinigen Weg machen, Data Analytics zu lernen.

Die steigende Bedeutung von Data Analytics führt potentiell zu Veränderungen in vielen Prozessen. Bedeutend für die Zukunft des Controllings ist, dass die Kompetenzen erworben werden, die notwendig sind, sich mit den neuen Methoden auseinanderzusetzen und bei deren Anwendung Einfluss zu nehmen. Dies hat auch Auswirkungen auf die Organisation, Data Science Kompetenzen müssen explizit in der Controlling-Organisation verankert werden, auch dann, oder gerade, wenn sich starke Data Science Abteilungen in den Unternehmen etablieren.

Durch die Digitalisierung der Leistungserstellung oder automatisierte Prozesse im Vertrieb (Einsatz von Internetshops etc.) entstehen wesentlich mehr Daten, die potenziell zur Entscheidungsunterstützung herangezogen werden. Im Zuge der Digitalisierung kann man annehmen, dass aus diesen unstrukturierten Daten auch automatisch strukturierte Informationen werden, die das Management zur Entscheidungsunterstützung einsetzen kann. Das Controlling braucht zur Erfüllung seiner Aufgaben weniger Mitarbeiter wodurch Personal im Controlling eingespart werden kann (vgl. Becker et al. 2016b). Durch einfach zu bedienende Software verlagert sich die Erstellung von Berichten immer mehr in die Fachabteilungen. Die Integrität der Berichte muss allerdings weiter vom Controlling sichergestellt werden. Das Controlling soll weiter die „single source of truth" sein, die sicherstellt, dass die Berichte korrekt und vollständig sind. Das Management des Unternehmens vertraut weiterhin den Berichten, die vom Controller verifiziert werden. Außerdem wird der Controller stärker in Bereiche wie ad hoc Analysen oder in die Interpretation von Berichten involviert werden.

Die Rolle des Controllings als exklusiver Informationslieferant verliert auf allen Ebenen an Bedeutung. Gleichzeitig steigen die Anforderungen an die Interpretation der bereitgestellten Informationen, was auch die Anforderungen an Controller erhöht. Aber auch hier bringt die Automatisierung eine handwerkliche Entlastung. So entfallen z. B. durch die (technische) Integration von externem und internem Rechnungswesen Überleitungsrechnungen zwischen den verschiedenen Rechnungskreisen. Die Interpretation eines integrierten Abschlusses wird an Bedeutung immer weiter gewinnen, die sehr zeitaufwendige Analyse und Erklärung von Unterschieden in Ausweis und Bewertung aber entfällt. Das Controlling muss deshalb künftig seinen Mehrwert für Geschäftsunterstützung und auch seine Personalstärke anders begründen.

5.2 Controlling und Risikomanagement

Durch das Gesetz zur Kontrolle und Transparenz im Unternehmensbereich (KontraG) wurde der § 91 AktG um einen Absatz 2 ergänzt. Dieser lautet:

„Der Vorstand hat geeignete Maßnahmen zu treffen, insbesondere ein Überwachungssystem einzurichten, damit den Fortbestand der Gesellschaft gefährdende Entwicklungen früh erkannt werden."

Daraus ergibt sich die Verpflichtung eines Unternehmens ein internes **Überwachungssystem** und ein Früherkennungssystem zumindest für existenzgefährdende Risiken einzurichten. Nicht zwingend damit verbunden ist ein Risikobewältigungssystem. Die Gesetzesbegründung ging davon aus, dass risikobehaftete Geschäfte eine Auswirkung auf die Vermögens-, Finanz- und Ertragslage eines Unternehmens haben können und durch die vorgeschriebenen Maßnahmen, die das Gesetz von Unternehmen verlangt, erkannt werden. Nach herrschender Meinung wird aber kein Risikobewältigungssystem zwingend verlangt. Ignorieren die Vorstände von Aktiengesellschaften diese

Pflichten wird dies als Verletzung ihrer Sorgfaltspflicht interpretiert. Im Schadensfall zieht dies Schadensersatzansprüche nach sich.

Im **Deutschen Corporate Governance Kodex**, der als Selbstverpflichtung begonnen hat, inzwischen aber über die Entsprechenserklärung gemäß §161 AktG einen gesetzlich relevanten Rang erlangt hat, wird die Pflicht des Vorstands für ein angemessenes Risikocontrolling und Risikomanagement zu sorgen, kodifiziert. Zusätzlich verstärkt werden die Verpflichtungen der Unternehmen noch durch die Vorschrift der §§ 289 Abs. 5 und 315 Abs. 2 Nr. 5 HGB, die besagt, dass Kapitalgesellschaften im Lagebericht wesentliche Merkmale ihres internen Risikomanagementsystems im Hinblick auf das Rechnungswesen beschreiben müssen. Auch im internationalen Rahmen gibt es einige gesetzliche Verpflichtungen, ein spezielles Risikomanagementsystem vorzuhalten.

Dem Controlling kommt in diesem Bereich eine besondere Bedeutung zu. Der Zusammenhang zur Rationalitätssicherungsfunktion ist offensichtlich: Durch Umsetzung der gesetzlichen Verpflichtungen werden die Risiken frühzeitig erkannt, was Informationen schafft, die die Unternehmensleitung zur Steuerung des Geschäfts benötigt. Damit ist auch ein Beitrag zur Rationalitätssicherung erbracht. Aus diesen Gründen ist es sinnvoll, nicht zu viele Parallelstrukturen in einem Unternehmen aufzubauen, sondern Synergien mit bestehenden Abteilungen zu suchen. Dies kann z. B. durch eine Integration der Tätigkeit in das Controlling. Auf die vielfältige Diskussion in der Literatur zur Identität von Risikomanagement und Risikocontrolling sei hier nicht weiter eingegangen (vgl. z. B. Kajüter 2008). Die wesentlichen Aufgaben eines Risikocontrollings sind (Vanini 2012, S. 23 f.):

- Informationen über potenzielle Risiken zu generieren und diese den relevanten Entscheidungsträgern zur Verfügung zu stellen;
- Den Risikomanagementprozess zu koordinieren und zu verzahnen mit anderen Prozessen im Controlling, z. B. dem Planungsprozess;
- Methoden zu erarbeiten und den relevanten Managementebenen zur Verfügung zu stellen, um Risiken zu identifizieren und zu beurteilen;
- Das Management zu unterstützen bei der Wahrnehmung der Aufgaben der Risikobeurteilung und -steuerung.

Zusammenfassend kann man festhalten, dass das Risikocontrolling eine Teilaufgabe der gesetzlichen Verpflichtungen der Unternehmensführung zum Management von Risiken übernimmt. Ohne die Übernahme dieser Teilaufgaben bleibt aber die effektive Durchführung der übrigen Risikomanagementaufgaben schwierig. Da sich einige rechtliche und faktische Anforderungen in der letzten Zeit ergeben haben, die Unternehmen im Bereich Governance, Risk und Compliance zu erfüllen haben. Problematisch ist, dass dies häufig zu Parallelstrukturen führt, da alle Verpflichtungen durch eine eigene Abteilung abgebildet werden sollen. Dies kann durch eine gezielte Suche nach Synergien abgewendet werden. Das Controlling bietet sich als Abteilung zur Integration des Risikomanagements an, da es inhaltlich viele Synergien gibt. Außerdem ist sowohl theoretisch als auch organisatorisch ein enger Zusammenhang der Tätigkeiten zu erkennen.

Für die Unternehmensleitungen, insbesondere die Vorstandsmitglieder von Aktiengesellschaften, hat sich die Verpflichtung und die damit verbundenen Haftungsgefahren erheblich vergrößert. Da es hier um persönliche Risiken des Managements handelt, liegt auch in der Unternehmenspraxis in diesen Fragen häufig ein Schwerpunkt der Aktivitäten.

5.3   Controlling und Compliance

Controller können einen wesentlichen Beitrag zu einem erfolgreichen Compliance-Management leisten (vgl. Hirsch und Fiack 2015, S. 69 f.) genauso wie Compliance-Manager einen wesentlichen Beitrag zu einem effektiven Controlling leisten können. Compliance bezeichnet alle Maßnahmen, die ein Unternehmen ergreift um die gesetzlichen und andere von außen vorgegebene Regeln sowie interne Regeln einzuhalten.

Im Rahmen ihrer Informationsversorgung sollten Controller auch das Compliance-Management mit zielgerichteten Informationen versorgen. **Opportunistisches Verhalten** von Mitarbeitern zu verhindern, ist im Rahmen ihrer Rationalitätssicherungsfunktion Aufgabe des Controllings. Dort wo Opportunismus in regelwidriges Verhalten umschlägt wird es zur Aufgabe des Compliance-Managements. Davon sind insbesondere die Anreizsysteme betroffen, die konzeptionell und operativ ganz wesentlich vom Controlling gesteuert werden.

Die Regulierungswellen der jüngsten Vergangenheit, die durch Unternehmensskandale, die Finanzkrise und eine allgemeine Skepsis der breiten Öffentlichkeit dem Management von Großunternehmen gegenüber ausgelöst worden sind, werden immer stärkeren Einfluss auf das Controlling ausüben. Controller sind prädestiniert eine entscheidende, häufig auch die verantwortliche Rolle für die rechtlich einwandfreie Entscheidungsvorbereitung zu übernehmen. Auch das Berichtswesen erhält eine immer stärkere Bedeutung für die rechtliche Absicherung von Vorstand und Aufsichtsrat. Dem Controlling kommt eine Schlüsselfunktion beim Schutz vor Haftung zu.

An Bedeutung gewinnen wird auch die Abgrenzung von haftungsrelevantem Verstoß und unternehmerischer Fehlentscheidung. Die Fehlentscheidung ist im Gesetz durch **die Business Judgement Rule** geregelt. Diese ist in § 93 Abs. 1 Satz 2 AktG für die Aktiengesellschaft kodifiziert, wobei man davon ausgehen kann, dass sie auch für GmbHs Ausstrahlungswirkung hat. Demnach liegt eine Pflichtverletzung eines Vorstands immer dann nicht vor, wenn bei einer unternehmerischen Entscheidung ein Vorstandsmitglied vernünftigerweise annehmen durfte, dass er auf angemessener Informationsbasis zum Wohle der Gesellschaft entschieden hat.

Ein wichtiges Kriterium dafür, dass sich Entscheidungsträger auf die Business Judgement Rule berufen können, ist die „angemessene Informationsgrundlage". Das Bundesverfassungsgericht hat die Business Judgement Rule auf die folgende prägnante Kurzform gebracht: Ein Vorstandsmitglied schuldet juristisch nicht den Erfolg einer Entscheidung, sondern eine sorgfältig getroffene Entscheidung. Hier ist der Kernbereich der Tätigkeit des Controllings betroffen. Für das Management trägt das Controlling die Hauptverantwortung, die Informationen in angemessener Breite und Tiefe bereitzustellen. Bei der Erstellung von Dokumenten zur Entscheidungsvorbereitung muss das Controlling immer stärker berücksichtigen, dass sie zum Beweismittel bei einem Prozess werden können.

Die gewachsene Verantwortung wird aber auch belohnt: Der Gesetzgeber geht bei seinem Leitbild der angemessenen Entscheidungsfindung von einer möglichst objektiven Rationalität aus. Damit wird die Rationalitätssicherungsfunktion des Controllings immer bedeutender. Das Controlling sollte hier seine Kernkompetenz nutzen und insbesondere die Zusammenarbeit mit Compliance-Abteilungen verstärken.

Aufgrund der vielfältigen Überlappungen zwischen Controlling und Compliance kann man konsequent zu Ende denken, dass man die beiden Abteilungen vereinigt (Behringer 2017). Dort wo Compliance in bestehende Abteilungen integriert wird, werden zumeist Rechtsabteilungen, die Interne Revision an manchen Stellen auch die Personalabteilung mit Compliance zusammengelegt. Das Controlling wird in theoretischen und empirischen Arbeiten nur selten genannt. Allerdings zeigt ein Blick auf die Biographie von vielen Compliance-Verantwortlichen, dass diese häufig eine Vergangenheit im Controlling haben. Dies liegt sicherlich daran, dass beide Stabsfunktionen einen breiten Blick auf das Unternehmen haben, mit rechtlichen Normen umgehen müssen und dabei gleichzeitig breites betriebswirtschaftliches Verständnis brauchen.

Trotzdem wird man eine Unvereinbarkeit der Zusammenfassung von Controlling und Compliance konstatieren. Grund dafür ist die deutlich unterschiedliche Aufgabenstellung der beiden Abteilungen. Sie haben der Unternehmensleitung gegenüber unterschiedliche Rollen, in denen sie beide aber unmittelbar zusammenarbeiten sollten. Der Controller hat die Aufgabe die wirtschaftliche Rationalität zu sichern. Er ist Berater des Managements im Hinblick auf die Zielsetzung und Zielerreichung des Unternehmens. Die Rolle ist diejenige eines aktiven Beraters im strategischen und operativen Bereich, der Rationalität einfordert. Der Compliance-Manager dahingegen hat die Aufgabe, die Ordnungsmäßigkeit in Bezug auf externe und interne Regularien sicherzustellen. Er hat im Hinblick auf das Geschäftsgeschehen dabei eher eine passive Rolle, der ein Vetorecht bei Geschäftsvorfällen hat, die mehr schaden als nützen. Insofern wird es hier bei einer oben (▶ Abschn. 5.2) beklagten Doppelstruktur bleiben.

5.4 Lern-Kontrolle

Kurz und bündig

Es sind im Wesentlichen zwei Entwicklungen, die das Controlling in den kommenden Jahren verändern und prägen werden. Zum einen ist es die Digitalisierung. Sie wird das Datenvolumen deutlich erhöhen, sie erleichtert eigene Analysen der Geschäftsleitung und der Fachabteilungen. Informatisches Wissen wird immer wichtiger, da Analysen mit Hilfe von Algorithmen gemacht werden bzw. Regelmäßigkeiten in unstrukturierten Datenmengen gesucht werden sollen. Hier erwächst den Controllern durch das neue Berufsbild der Data Scientists Konkurrenz. Dieser können Controller begegnen, wenn sie die Interpretation von Daten und Reports zuverlässig liefern.

Die andere Entwicklung ist eine verstärkte Regulierung. Der Gesetzgeber gibt dem Controlling immer mehr Aufgaben. Eine davon ist das Risikomanagement. Hier soll – wo immer möglich – eine Integration ins Controlling angestrebt werden. Für das Compliance-Management gilt das aufgrund der anders gearteten Aufgaben nicht unbedingt. Eine enge Zusammenarbeit zwischen Controlling und Compliance ist aber in jedem Falle sinnvoll. In den Kernbereich des Controllings greift die Business Judgement Rule ein, die eine genaue Dokumentation von Entscheidungsgrundlagen erfordert, um Fehlentscheidungen, die eine Haftung auslösen (da sie auf einem nicht ausreichenden Informationsstand gefällt worden sind) von solchen unterscheiden, die keine Haftung auslösen.

❷ Let's check

Überlegen Sie, ob die folgenden Aussagen richtig oder falsch sind:

- In vielen Unternehmen wurde die Stelle eines Data Scientists geschaffen, der sich mit der Suche nach Mustern in großen Datenmengen befassen soll.
- Durch die Möglichkeiten der Digitalisierung steigen die Anforderungen an den Controller für Datenqualität und gute Interpretationen zu sorgen.
- Aktiengesellschaften müssen ein System zur Erkennung von existenzgefährdenden Risiken vorhalten.
- Aktiengesellschaften müssen ein Risikobewältigungssystem vorhalten.
- Die Business Judgement Rule führt dazu, dass unternehmerische Entscheidungen nicht zu Haftung führen.
- Compliance und Controlling sollten in jedem Fall in einer Abteilung geführt werden.

❷ Vernetzende Aufgaben

1. Die Kitty Fitness GmbH ist ein mittelständischer Anbieter von Fitnessgeräten, die sowohl über Handelsreisende als auch über einen eigenen Online-Shop angeboten werden. Die Produktion der Geräte ist an externe Produktionsunternehmen vor allem in China ausgelagert. Derzeit besteht die Controlling-Abteilung aus zwei Controllern, die eine Jahresplanung erstellen und ein monatliches

Berichtssystem an die Geschäftsleitung durchführen. Außerdem steht das Controlling den beiden Geschäftsführern für ad hoc Analysen und Projekte aus dem Finanz- und Rechnungswesen zur Verfügung. Überlegen Sie, welche Auswirkungen auf die Organisation und Tätigkeit des Controllings der Kitty Fitness GmbH durch die Trends

a) Digitalisierung
b) Risikomanagement und
c) Compliance

entstehen können.

ℹ️ Lesen und Vertiefen

– Vanini, U (2012) Risikomanagement. Schäffer-Poeschel, Stuttgart.
   Dieses Buch gibt einen guten Einblick in das Risikomanagement und Risikocontrolling. Es ist als grundlegendes Lehrwerk konzipiert.
– Behringer, S (2013) Compliance kompakt. 3. Auflage, Erich Schmidt Verlag, Berlin.
   Einen umfassenden Einblick in Theorie und Praxis des Compliance-Managements in kompakter Form bietet dieser Herausgeberband. Die verschiedenen Facetten des Compliance-Managements werden in komprimierter Form dargestellt.

Serviceteil

Tipps fürs Studium und fürs Lernen – 120

Glossar – 125

Literatur – 129

Der Abschnitt „Tipps fürs Studium und fürs Lernen" wurde von Andrea Hüttmann verfasst.

© Springer Fachmedien Wiesbaden GmbH 2018
S. Behringer, *Controlling*, Studienwissen kompakt
https://doi.org/10.1007/978-3-658-18380-6

Tipps fürs Studium und fürs Lernen

- **Studieren Sie!**

Studieren erfordert ein anderes Lernen, als Sie es aus der Schule kennen. Studieren bedeutet, in Materie abzutauchen, sich intensiv mit Sachverhalten auseinanderzusetzen, Dinge in der Tiefe zu durchdringen. Studieren bedeutet auch, Eigeninitiative zu übernehmen, selbstständig zu arbeiten, sich autonom Ziele zu setzen, anstatt auf konkrete Arbeitsaufträge zu warten. Ein Studium erfolgreich abzuschließen erfordert die Fähigkeit, der Lebensphase und der Institution angemessene effektive Verhaltensweisen zu entwickeln – hierzu gehören u. a. funktionierende Lern- und Prüfungsstrategien, ein gelungenes Zeitmanagement, eine gesunde Portion Mut und viel pro-aktiver Gestaltungswille. Im Folgenden finden Sie einige erfolgserprobte Tipps, die Ihnen beim Studieren Orientierung geben, einen grafischen Überblick dazu zeigt ◘ Abb. A.1.

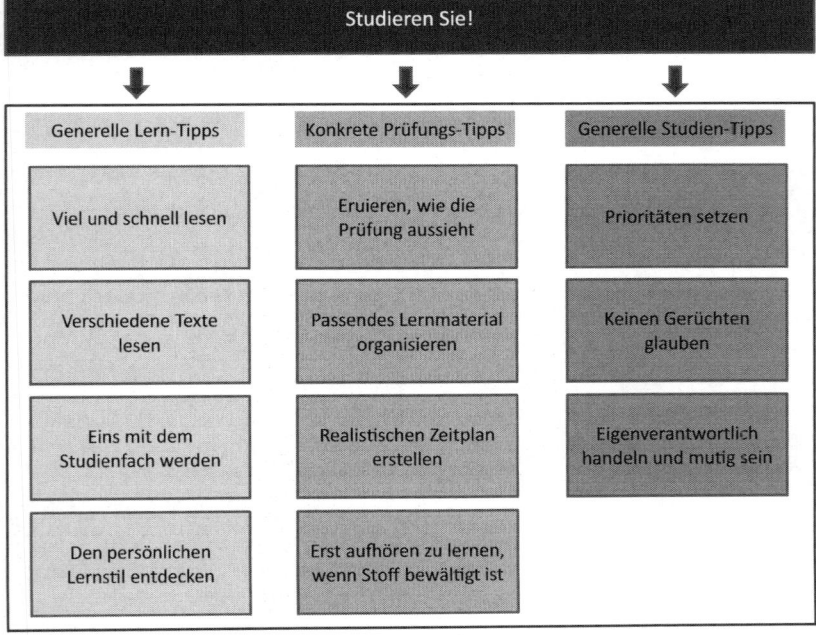

◘ **Abb. A.1** Tipps im Überblick

Lesen Sie viel und schnell

Studieren bedeutet, wie oben beschrieben, in Materie abzutauchen. Dies gelingt uns am besten, indem wir zunächst einfach nur viel lesen. Von der Lernmethode – lesen, unterstreichen, heraus schreiben – wie wir sie meist in der Schule praktizieren, müssen wir uns im Studium verabschieden. Sie dauert zu lange und raubt uns kostbare Zeit, die wir besser in Lesen investieren sollten. Selbstverständlich macht es Sinn, sich hier und da Dinge zu notieren oder mit anderen zu diskutieren. Das systematische Verfassen von eigenen Text-Abschriften aber ist im Studium – zumindest flächendeckend – keine empfehlenswerte Methode mehr. Mehr und schneller lesen schon eher ...

Werden Sie eins mit Ihrem Studienfach

Jenseits allen Pragmatismus sollten wir uns als Studierende eines Faches – in der Summe – zutiefst für dieses interessieren. Ein brennendes Interesse muss nicht unbedingt von Anfang an bestehen, sollte aber im Laufe eines Studiums entfacht werden. Bitte warten Sie aber nicht in Passivhaltung darauf, begeistert zu werden, sondern sorgen Sie selbst dafür, dass Ihr Studienfach Sie etwas angeht. In der Regel entsteht Begeisterung, wenn wir die zu studierenden Inhalte mit lebensnahen Themen kombinieren: Wenn wir etwa Zeitungen und Fachzeitschriften lesen, verstehen wir, welche Rolle die von uns studierten Inhalte im aktuellen Zeitgeschehen spielen und welchen Trends sie unterliegen; wenn wir Praktika machen, erfahren wir, dass wir mit unserem Know-how – oft auch schon nach wenigen Semestern – Wertvolles beitragen können. Nicht zuletzt: Dinge machen in der Regel Freude, wenn wir sie beherrschen. Vor dem Beherrschen kommt das Engagement: Engagieren Sie sich also und werden Sie eins mit Ihrem Studienfach!

Entdecken Sie Ihren persönlichen Lernstil

Jenseits einiger allgemein gültiger Lern-Empfehlungen muss jeder Studierende für sich selbst herausfinden, wann, wo und wie er am effektivsten lernen kann. Es gibt die Lerchen, die sich morgens am besten konzentrieren können, und die Eulen, die ihre Lernphasen in den Abend und die Nacht verlagern. Es gibt die visuellen Lerntypen, die am liebsten Dinge aufschreiben und sich anschauen; es gibt auditive Lerntypen, die etwa Hörbücher oder eigene Sprachaufzeichnungen verwenden. Manche bevorzugen Karteikarten verschiedener Größen, andere fertigen sich auf Flipchart-Bögen Übersichtsdarstellungen an, einige können während des

Spazierengehens am besten auswendig lernen, andere tun dies in einer Hänge-matte. Es ist egal, wo und wie Sie lernen. Wichtig ist, dass Sie einen für sich effekti-ven Lernstil ausfindig machen und diesem – unabhängig von Kommentaren Dritter – treu bleiben.

Bringen Sie in Erfahrung, wie die bevorstehende Prüfung aussieht

Die Art und Weise einer Prüfungsvorbereitung hängt in hohem Maße von der Art und Weise der bevorstehenden Prüfung ab. Es ist daher unerlässlich, sich immer wieder bezüglich des Prüfungstyps zu informieren. Wird auswendig Gelerntes abgefragt? Ist Wissenstransfer gefragt? Muss man selbstständig Sachverhalte darstellen? Ist der Blick über den Tellerrand gefragt? Fragen Sie Ihre Dozenten. Sie müssen Ihnen zwar keine Antwort geben, doch die meisten Dozenten freuen sich über schlau formu-lierte Fragen, die das Interesse der Studierenden bescheinigen und werden Ihnen in irgendeiner Form Hinweise geben. Fragen Sie Studierende höherer Semester. Es gibt immer eine Möglichkeit, Dinge in Erfahrung zu bringen. Ob Sie es anstellen und wie, hängt von dem Ausmaß Ihres Mutes und Ihrer Pro-Aktivität ab.

Decken Sie sich mit passendem Lernmaterial ein

Wenn Sie wissen, welcher Art die bevorstehende Prüfung ist, haben Sie bereits viel gewonnen. Jetzt brauchen Sie noch Lernmaterialien, mit denen Sie arbeiten können. Bitte verwenden Sie niemals die Aufzeichnungen Anderer – sie sind inhaltlich unzu-verlässig und nicht aus Ihrem Kopf heraus entstanden. Wählen Sie Materialien, auf die Sie sich verlassen können und zu denen Sie einen Zugang finden. In der Regel empfiehlt sich eine Mischung – für eine normale Semesterabschlussklausur wären das z. B. Ihre Vorlesungs-Mitschriften, ein bis zwei einschlägige Bücher zum Thema (idealerweise eines von dem Dozenten, der die Klausur stellt), ein Nachschlagewerk (heute häufig online einzusehen), eventuell prüfungsvorbereitende Bücher, etwa aus der Lehrbuchsammlung Ihrer Universitätsbibliothek.

Erstellen Sie einen realistischen Zeitplan

Ein realistischer Zeitplan ist ein fester Bestandteil einer soliden Prüfungsvorbereitung. Gehen Sie das Thema pragmatisch an und beantworten Sie folgende Fragen: Wie viele

Wochen bleiben mir bis zur Klausur? An wie vielen Tagen pro Woche habe ich (realistisch) wie viel Zeit zur Vorbereitung dieser Klausur? (An dem Punkt erschreckt und ernüchtert man zugleich, da stets nicht annähernd so viel Zeit zur Verfügung steht, wie man zu brauchen meint.) Wenn Sie wissen, wie viele Stunden Ihnen zur Vorbereitung zur Verfügung stehen, legen Sie fest, in welchem Zeitfenster Sie welchen Stoff bearbeiten. Nun tragen Sie Ihre Vorhaben in Ihren Zeitplan ein und schauen, wie Sie damit klar kommen. Wenn sich ein Zeitplan als nicht machbar herausstellt, verändern Sie ihn. Aber arbeiten Sie niemals ohne Zeitplan!

Beenden Sie Ihre Lernphase erst, wenn der Stoff bewältigt ist

Eine Lernphase ist erst beendet, wenn der Stoff, den Sie in dieser Einheit bewältigen wollten, auch bewältigt ist. Die meisten Studierenden sind hier zu milde im Umgang mit sich selbst und orientieren sich exklusiv an der Zeit. Das Zeitfenster, das Sie für eine bestimmte Menge an Stoff reserviert haben, ist aber nur ein Parameter Ihres Plans. Der andere Parameter ist der Stoff. Und eine Lerneinheit ist erst beendet, wenn Sie das, was Sie erreichen wollten, erreicht haben. Seien Sie hier sehr diszipliniert und streng mit sich selbst. Wenn Sie wissen, dass Sie nicht aufstehen dürfen, wenn die Zeit abgelaufen ist, sondern erst wenn das inhaltliche Pensum erledigt ist, werden Sie konzentrierter und schneller arbeiten.

Setzen Sie Prioritäten

Sie müssen im Studium Prioritäten setzen, denn Sie können nicht für alle Fächer denselben immensen Zeitaufwand betreiben. Professoren und Dozenten haben die Angewohnheit, die von ihnen unterrichteten Fächer als die bedeutsamsten überhaupt anzusehen. Entsprechend wird jeder Lehrende mit einer unerfüllbaren Erwartungshaltung bezüglich Ihrer Begleitstudien an Sie herantreten. Bleiben Sie hier ganz nüchtern und stellen Sie sich folgende Fragen: Welche Klausuren muss ich in diesem Semester bestehen? In welchen sind mir gute Noten wirklich wichtig? Welche Fächer interessieren mich am meisten bzw. sind am bedeutsamsten für die Gesamtzusammenhänge meines Studiums? Nicht zuletzt: Wo bekomme ich die meisten Credits? Je nachdem, wie Sie diese Fragen beantworten, wird Ihr Engagement in der Prüfungsvorbereitung ausfallen. Entscheidungen dieser Art sind im Studium keine böswilligen Demonstrationen von Desinteresse, sondern schlicht und einfach überlebensnotwendig.

Glauben Sie keinen Gerüchten

Es werden an kaum einem Ort so viele Gerüchte gehandelt wie an Hochschulen – Studierende lieben es, Durchfallquoten, von denen Sie gehört haben, jeweils um 10–15 % zu erhöhen, Geschichten aus mündlichen Prüfungen in Gruselgeschichten zu verwandeln und Informationen des Prüfungsamtes zu verdrehen. Glauben Sie nichts von diesen Dingen und holen Sie sich alle wichtigen Informationen dort, wo man Ihnen qualifiziert und zuverlässig Antworten erteilt. 95 % der Geschichten, die man sich an Hochschulen erzählt, sind schlichtweg erfunden und das Ergebnis von ‚Stiller Post'.

Handeln Sie eigenverantwortlich und seien Sie mutig

Eigenverantwortung und Mut sind Grundhaltungen, die sich im Studium mehr als auszahlen. Als Studierende verfügen Sie über viel mehr Freiheit als als Schüler: Sie müssen nicht immer anwesend sein, niemand ist von Ihnen persönlich enttäuscht, wenn Sie eine Prüfung nicht bestehen, keiner hält Ihnen eine Moralpredigt, wenn Sie Ihre Hausaufgaben nicht gemacht haben, es ist niemandes Job, sich darum zu kümmern, dass Sie klar kommen. Ob Sie also erfolgreich studieren oder nicht, ist für niemanden von Belang außer für Sie selbst. Folglich wird nur der eine Hochschule erfolgreich verlassen, dem es gelingt, in voller Überzeugung eigenverantwortlich zu handeln. Die Fähigkeit zur Selbstführung ist daher der Soft Skill, von dem Hochschulabsolventen in ihrem späteren Leben am meisten profitieren. Zugleich sind Hochschulen Institutionen, die vielen Studierenden ein Übermaß an Respekt einflößen: Professoren werden nicht unbedingt als vertrauliche Ansprechpartner gesehen, die Masse an Stoff scheint nicht zu bewältigen, die Institution mit ihren vielen Ämtern, Gremien und Prüfungsordnungen nicht zu durchschauen. Wer sich aber einschüchtern lässt, zieht den Kürzeren. Es gilt, Mut zu entwickeln, sich seinen eigenen Weg zu bahnen, mit gesundem Selbstvertrauen voranzuschreiten und auch in Prüfungen eine pro-aktive Haltung an den Tag zu legen. Unmengen an Menschen vor Ihnen haben diesen Weg erfolgreich beschritten. Auch Sie werden das schaffen!

Andrea Hüttmann ist Professorin an der accadis Hochschule Bad Homburg, Leiterin des Fachbereichs „Communication Skills" und Expertin für die Soft Skill-Ausbildung der Studierenden. Als Coach ist sie auch auf dem freien Markt tätig und begleitet Unternehmen, Privatpersonen und Studierende bei Veränderungsvorhaben und Entwicklungswünschen (▶ www.andrea-huettmann.de).

Glossar

Abweichungsanalyse Ziel dieser Aufgabe des Controllings ist es, Ursachen für Abweichungen zwischen Ist- und Planwerten zu ermitteln.

Anderskosten Kosten, die eine sachliche Entsprechung in den Aufwendungen haben, aber in anderer Höhe ausgewiesen werden.

Aufwendungen und Erträge Größen des externen Rechnungswesens. Beeinflussen das Eigenkapital eines Unternehmens (Aufwendungen – negativ; Erträge – positiv).

Ausgleichsgesetz der Planung Der Minimumsektor (i. d. R. der Absatz eines Produkts) ist Bezugspunkt der Planung. Auf ihn richten sich alle Vorgänge aus.

Balanced Scorecard Ausgewogenes Kennzahlensystem, das sich aus einer Finanzperspektive, einer Kundenperspektive, einer Mitarbeiterperspektive und einer Prozessperspektive zusammensetzt. Alle eingesetzten Kennzahlen sollen einen Bezug zur Vision und Mission des Unternehmens haben. Die einzelnen Kennzahlen sollen in Ursache-Wirkungszusammenhängen zueinanderstehen.

Benchmarking Systematischer Vergleich zwischen verschiedenen Unternehmen im Hinblick auf betriebswirtschaftliche Zusammenhänge.

Beta-Faktor Der Beta-Faktor misst das relative systematische Risiko eines Wertpapiers. Eine der zentralen Größen des Capital Asset Pricing Models.

Betriebsbuchhaltung Internes Rechnungswesen, das helfen soll, Entscheidungen der Unternehmensleitung zu unterstützen. Das Unternehmen ist frei in seiner Gestaltung.

Beziehungszahlen Kennzahlen, bei denen Verbindungen zwischen verschiedenartigen Größen hergestellt werden.

Bottom-up Planung Die Plangrößen werden von den Mitarbeitern erstellt und von der Unternehmensleitung nur zusammengestellt und akzeptiert.

Bounded Rationality Beschränkte Rationalität, die jeder Mensch hat. Sie besteht in Begrenzungen des Wissens, Begrenzungen der Antizipation von Handlungsfolgen und den Begrenzungen der bekannten Handlungsmöglichkeiten.

Business Judgement Rule Geregelt in § 93 Abs. 1 Satz 2 AktG: Eine Pflichtverletzung eines Vorstands einer Aktiengesellschaft liegt dann nicht vor, wenn dieser annehmen durfte, dass er auf einem angemessenen Informationsstand zum Wohle der Gesellschaft entschieden hat.

Capital Asset Pricing Model (CAPM) Modell der Kapitalmarkttheorie, bei dem Preise für risikobehaftete Vermögensgegenstände im Gleichgewicht analytisch ermittelt werden sollen.

Cashflow Saldo der Ein- und Auszahlungen eines Unternehmens, also die Veränderung der liquiden Mittel.

Deckungsbeitrag Differenz zwischen den Erlösen eines Produkts und seinen variablen Kosten.

Effektiv Eine Maßnahme ist dann effektiv, wenn die eingesetzten Mittel geeignet sind, das gesetzte Ziel zu erreichen.

Effizient Eine Maßnahme ist dann geeignet, wenn die eingesetzten Ressourcen in einem vernünftigen Verhältnis sind zum Ziel.

Eigenkapital Teil des Gesamtkapitals eines Unternehmens. Derjenige Teil, der dem Unternehmen durch die Eigentümer überlassen wurde.

Einzelkosten Kosten, die einem Kostenträger direkt zurechenbar sind.

Finanzbuchhaltung Externes Rechnungswesen, das sich an externe Adressaten richtet und gesetzlich vorgegeben ist.

Fixe Kosten Kosten, die unabhängig sind von der tatsächlichen Beschäftigung eines Betriebs.

Formalziele Finanzwirtschaftliche Ziele eines Unternehmens.

Free Cashflow Zahlungsmittel, die im Unternehmen erwirtschaftet worden sind, und die nach Durchführung aller lohnenden Investitionen für Ausschüttungen an die Eigenkapitalgeber zur Verfügung stehen.

Fremdkapital Teil des Gesamtkapitals. Derjenige Teil, der von Unternehmensexternen dem Unternehmen überlassen wurde.

Gegenstromverfahren Synthese aus Top-down und Bottom-up Planung. In der Praxis am weitesten verbreitet.

Gemeinkosten Kosten, die einem Kostenträger nicht direkt zurechenbar sind.

Gliederungszahlen Kennzahlen, bei denen eine Teilgröße ins Verhältnis zur Gesamtgröße gesetzt wird.

Herstellungskosten Kosten, die dazu verwendet werden, die Bestände in der Bilanz zu bewerten. Die Berechnung der Herstellungskosten muss den gesetzlichen Grundlagen entsprechen.

Indexzahlen Kennzahlen, bei denen absolute Zahlen verschiedener Perioden ins Verhältnis gesetzt werden.

Information overload Überforderung des Managements aufgrund einer zu großen Zahl von Informationen.

Istkosten Tatsächlich angefallene Kosten.

Kaizen Ständige Verbesserung von betrieblichen Prozessen.

Kosten und Leistungen Größen des internen Rechnungswesens. Kosten sind bewerteter sachzielbezogener Werteverzehr. Leistungen sind die Ergebnisse des betrieblichen Leistungserstellungsprozesses.

Kostenartenrechnung Stufe der Kosten- und Leistungsrechnung, bei der die Kosten nach sachlichen Zusammenhängen gegliedert werden.

Kostenstellenrechnung Stufe der Kosten- und Leistungsrechnung, bei der die Kosten nach dem Ort ihres Anfalls (Abteilung etc.) gegliedert werden.

Kostenträgerrechnung Stufe der Kosten- und Leistungsrechnung, bei der die Kosten auf Leistungen verrechnet werden. Die Kosten können auf einzelne Produkte (Kostenträgerstückrechnung) oder auf Zeiteinheiten (Kostenträgerzeitrechnung) verrechnet werden.

Linienfunktion Abteilungen mit disziplinarischer Autorität.

Liquidität Fähigkeit eines Unternehmens, seinen Zahlungsverpflichtungen pünktlich nachzukommen (dispositive Liquidität) bzw. Geldnähe von Vermögensgegenständen (strukturelle Liquidität).

Management Approach Leitlinie der IFRS. Das Vorgehen im internen und externen Rechnungswesen sollen gleich sein. Externe Investoren sollen Entscheidungen mit den gleichen Informationen beurteilen können wie das Management.

Mengenabweichung Abweichung zwischen Plan- und Istkosten aufgrund höherer Mengenverbräuche.

Mission Bestandteil des strategischen Managements, in ihr wird der Unternehmenszweck niedergelegt.

Normalkosten Kosten, die anfallen, wenn ein Betrieb normal ausgelastet ist (bei normalen Materialverbräuchen).

Opportunitätskosten Kosten der entgangenen Gelegenheit.

Plankosten Normalkosten, die durch analytische Erwägungen erweitert werden. Werden für zukünftige Perioden geplant.

Planung Prospektives Denkhandeln, das zukünftiges Tathandeln vorwegnehmen soll. Kernaufgabe des Controllings ist das Planungsmanagement. Geplant werden nur Dinge, die man beeinflussen kann.

Predictive Analytics Durch Analyse vergangener Daten wird versucht, Regelmäßigkeiten zu erkennen, die auf künftige Entwicklungen schließen lassen.

Preisabweichung Abweichung zwischen Plan- und Istkosten aufgrund höherer Preise für Inputfaktoren.

Prozess Aneinanderreihung von Aktivitäten. Können leistungsmengeninduziert sein, d. h. sie sind variabel von der Beschäftigung einer Kostenstelle oder leistungsmengenneutral, d. h. sie sind unabhängig von der Beschäftigung einer Kostenstelle.

Prozesskostenrechnung Verfahren des Kostenmanagements, das insbesondere eine bessere Verrechnung der Gemeinkosten erreichen will.

Ratchet-Effekt In der Planung beobachteter Effekt: Plangrößen werden aus der Vergangenheit gebildet und der vergangene Wert erhöht, eine Verminderung ist nicht machbar, da er demotivierend wirken würde.

Return on Investment Spitzenkennzahl des DuPont Kennzahlensystems. Sagt aus, wie viel mit dem eingesetzten Kapital verdient worden ist.

Sachziel Das Sachziel eines Unternehmens bestimmt die zu verkaufenden Güter und Dienstleistungen.

Sekundärabweichung Abweichung zwischen Plan- und Istkosten, die sowohl aufgrund von Preis- als auch auf Mengenabweichung beruht.

Shareholder Value Unternehmenswert aus Sicht der Aktionäre. Entspricht dem Unternehmenswert, also dem Aktienkurs einer Aktie multipliziert mit der Anzahl der Aktien.

SMART-Methode Instrument der Goal Setting Theory. Nach ihr sollen Ziele spezifisch, messbar, anspruchsvoll, realistisch und timely (zeitbezogen) sein.

Stabsstelle Häufige organisatorische Einordnung des Controllings, Stabsstellen haben nur indirekte Leitungsfunktionen. Sie beraten, analysieren und bereiten Entscheidungen vor.

Stabsstellen wie das Controlling besitzen aber häufig eine hohe informelle Macht.

Stakehoder Anspruchsgruppen an ein Unternehmen.

Sunk costs Versunkene Kosten, d. h. nicht mehr zu ändernde und daher nicht entscheidungsrelevante Kosten.

Target Costing Verfahren des Kostenmanagements, das vom erzielbaren Marktpreis ausgeht und daraus die maximal vertretbaren Kosten ableitet.

Teilkostenrechnung Instrumente der Kosten- und Leistungsrechnung, die nur mit variablen Kosten arbeiten. Sind geeignet, um kurzfristig bessere Entscheidungen zu erhalten.

Top-down Planung Die Plangrößen werden von der Unternehmensleitung ohne Beteiligung der Mitarbeiter vorgegeben.

Variable Kosten Kosten, die abhängig sind von der tatsächlichen Beschäftigung eines Betriebs.

Vision Vision ist Bestandteil des strategischen Managements. In ihr werden die langfristigen Sachziele des Unternehmens niedergelegt.

Vorgabefunktion der Planung Die Erreichung der Planwerte ist Voraussetzung für das Erzielen einer variablen Vergütung.

WACC Gewichtete Kapitalkosten, die zur Abzinsung von Zahlungsströmen in der Investitionsrechnung und Unternehmensbewertung eingesetzt werden. (Weighted Average Cost of Capital).

Working Capital Kennzahl zur Messung der Liquidität. Differenz aus kurzfristigem Vermögen (Umlaufvermögen) und kurzfristigen Verbindlichkeiten.

Zahlungsmittel Bar- und Buchgeldbestände im Unternehmen. Sie werden zur Aufrechterhaltung der Liquidität benötigt.

Ziele Erstrebenswerte Zustände der Zukunft. Ausgangspunkt der Planung.

Zusatzkosten Kosten, die nicht in den Aufwendungen (externes Rechnungswesen) enthalten sind und zusätzlich Eingang in das interne Rechnungswesen finden.

Zweck-Mittel Rationalität Leitbegriff des Controllings, die Maßnahmen sind effektiv und effizient.

Literatur

Albach H (1968) Betriebswirtschaftliche Anforderungen an eine langfristige Unternehmensplanung. ZfB 2/1968:3–19 (Ergänzungsband)

Baetge J (1998) Bilanzanalyse. IDW-Verlag, Düsseldorf

Ballwieser W (1995) Aktuelle Aspekte der Unternehmensbewertung. WPg 48:119–129

Barth T (2016) Planung im Zusammenhang mit der Bilanzierung und Bewertung nach IFRS. In: Becker W, Ulrich P (Hrsg) Handbuch Controlling. Springer, Wiesbaden, S 529–549

Becker W, Ulrich P, Botzkowski T (2016a) Controlling im Mittelstand. In: Becker W, Ulrich P (Hrsg) Handbuch Controlling. Springer, Wiesbaden, S 583–603

Becker W, Ulrich P, Botzkowski T, Eurich S (2016b) Controlling von Digitalisierungsprozessen – Veränderungstendenzen und empirische Erfahrungswerte aus dem Mittelstand. In: Obermaier (Hrsg) Industrie 4.0 als unternehmerische Gestaltungsaufgabe, S 97–117

Behringer S (2012) Gewährleistungsrückstellungen nach HGB, IFRS und EStG. BBK 20/2012:945–950

Behringer S (2014) Konzerncontrolling, 2. Aufl. Springer, Wiesbaden

Behringer S (2016) Verfahren der Unternehmensbewertung. In: Becker W, Ulrich P (Hrsg) Praxishandbuch Controlling. Springer Gabler, Wiesbaden, S 491–507

Behringer S (2017) Rationalität trifft Rechtskonformität. Zur Zusammenarbeit von Controlling und Compliance. Control Mag 42(2):4–9

Blase S, Müller S, Reinke J (2012) Fortschritt in der Harmonisierung von internem und externem Rechnungswesen durch den management approach des IFRS. KOR 12(10):352–359

Britzelmaier B (2013) Controlling: Grundlagen, Praxis, Handlungsfelder. Pearson, München

Brühl R (2015) Wie Wissenschaft Wissen schafft. UVK, Konstanz

Brühl R (2016) Controlling. Grundlagen einer erfolgsorientierten Unternehmenssteuerung, 4. Aufl. Vahlen, München

Cardinal LB, Miller CC, Kreutzer M, TenBrink T (2015) Strategic planning and firm performance. In: Mumford M, Frese M (Hrsg) The psychology of planning in organizations. Research and applications. Routledge, New York, S 260–288

Cheng MM, Schulz AK, Luckett P, Booth PJ (2003) The effects of hurdle rates on the level of escalation of commitment in capital budgeting. Behav Res Account 15:63–85

Churchill NC, Cooper WW (1966) A field study of auditing as a mechanism for organizational control. In: Lawrence J (Hrsg) Operational research and the social sciences. Springer, London, S 109–127

Clarkson MBE (1995) A stakeholder framework for analyzing and evaluating corporate social performance. Acad Manag Rev 20(1):92–117

Creusen U (1990) Controlling-Konzept der OBI-Gruppe. In: Mayer E, Weber J (Hrsg) Handbuch Controlling. Schäffer-Poeschel, Stuttgart, S 874–887

Cyert RM, March JG (1995) Eine verhaltenswissenschaftliche Theorie der Unternehmung. Schäffer-Poeschel, Stuttgart

Davenport, TH/ Patil, DJ (2012) Data Scientist: The Sexiest Job of the 21st century, HBR, October 2012

Dechene C (2016) Bilanzkennzahlen und Bilanzanalyse. WISU 44:469–476

Deimel K, Heupel T, Wiltinger K (2013) Controlling. Vahlen, München

Dellmann K (2002) Kennzahlen und Kennzahlensysteme. In: Küpper HU, Wagenhofer A (Hrsg) Handwörterbuch Unternehmensrechnung und Controlling, 4. Aufl. Schäffer-Poeschel, Stuttgart, S 940–950

Dierkes S, Kloock J (2002) Kostenzurechnung. In: Küpper HU, Wagenhofer A (Hrsg) Handwörterbuch Unternehmensrechnung und Controlling, 4. Aufl. Schäffer-Poeschel, Stuttgart, S 1177–1186

Eisenführ F (1966) Anforderungen an den Informationsgehalt kaufmännischer Jahresabschlußrechnungen. Diss., Kiel

Epstein MJ, Wisner PS (2001) Using a balanced scorecard to implement sustainability. Environ Quality Manag:1–10. https://doi.org/10.1002/tqem.1300

Ewert R, Wagenhofer A (2014) Interne Unternehmensrechnung, 8. Aufl. Springer, Berlin

Feil P, Yook K-H, Kim I-W (2004) Japanese target costing: a historical perspective. Int J Strateg Cost Manag 5:10–19

Frese E (1968) Kontrolle und Unternehmensführung. Gabler, Wiesbaden

Gabele E (1982) Vom technischen „Soll-Ist Vergleich" zur „Aktiven Kontrolle" in Organisationen. In: Thieme HR (Hrsg) Verhaltensbeeinflussung durch Kontrolle – Wirkung von Kontrollmaßnahmen und Folgerungen für die Kontrollpraxis. Erich Schmidt, Berlin, S VII–XV

Gleich R (2011) Performance Measurement: Konzepte, Fallstudien und Grundschema für die Praxis, 2. Aufl. Vahlen, München

Gleich R, Greiner O, Hofmann S (2006) Better, Advanced und Beyond Budgeting: Von der Evolution zur Revoluntion. In: Gleich, Hoffmann, Leyk (Hrsg) Planungs- und Budgetierungsinstrumente. Haufe, Freiburg, S 23–38

Gutenberg E (1983) Die Produktion, 24. Aufl. Grundlagen der Betriebswirtschaftslehre. Bd. 1. Springer, Berlin

Gutmann G (1990) Volkswirtschaftslehre. Eine ordnungstheoretische Einführung. Kohlhammer, Stuttgart

Hauschildt J (1971) Entwicklungslinien der Bilanzanalyse. Z Betriebswirtsch Forsch 33:335–351

Heinen E (1971) Grundlagen betriebswirtschaftlicher Entscheidungen. Das Zielsystem der Unternehmung, 2. Aufl. Gabler, Wiesbaden

Helbling C (1993) DCF-Methode und Kapitalkostensatz in der Unternehmensbewertung falls kein Fair Market Value. Schweizer Treuhänder 67:157–164

Hirsch B, Fiack S (2015) Compliance-Management und Controlling. ZRFC 10(2):68–73

Hitz JM, Jenniges V (2008) Publizität von Pro-forma-Ergebnisgrößen am deutschen Kapitalmarkt. Z Intern Kapitalmarktorientierte Rechn 2008(4):236–245

Hopper TM (1980) Role conflicts of management accountants and their position within organization structures. Account Organ Soc 5:401–411

Horváth P (2002) Controlling. In: Gaugler E, Köhler R (Hrsg) Entwicklung der Betriebswirtschaftslehre. 100 Jahre Fachdisziplin. Schäffer-Poeschel, Stuttgart, S 340–360

Horvath P, Lamla J (1996) Kaizen Costing. krp 40:225–240

Horvath P, Tani T (1997) Japanese-German comparison of target cost management. Working Paper.

Horváth P, Dambrowski J, Jung H, Posselt S (1985) Die Budgetierung im Planungs- und Kontrollsystem der Unternehmung – Erste Ergebnisse einer empirischen Untersuchung. Betriebswirtschaft 1985(2):138–155

Horvath P, Kieninger M, Mayer R, Schminak C (1993) Prozeßkostenrechnung – oder wie die Praxis die Theorie überholt. DBW 53:609–628

ICV (2013) Leitbild – Internationaler Controller Verein 2013. https://www.icv-controlling.com/de/verein/leitbild.html. Zugegriffen: 3. Mai 2017

Jensen MC (2003) Paying people to lie: the truth about the budgeting process. Eur Financ Manag 9:379–406

Jung RH, Heinzen M, Quarg S (2016) Allgemeine Managementlehre, 6. Aufl. Erich Schmidt, Berlin

Kahnemann D, Tversky A (1979) Prospect theory: an analysis of decision under risk. Econometrica 47:263–291

Kajüter P (2008) Rolle der Internen Revision im Risikomanagement-System. In: Freidank CC, Peemöller VH (Hrsg) Corporate Governance und Interne Revision. Handbuch für die Neuausrichtung des Internal Auditings. Erich Schmidt Verlag, Berlin, S 109–126

Kaplan RS, Norton DP (1996) Translating strategy into action: the balanced scorecard. Harvard Business School Press, Boston

Kaplan RS, Norton DP (2001) Transforming the balanced scorecard from performance measurement to strategic management. Acc Horizons 2001:147–160

Klein R, Scholl A (2004) Planung und Entscheidung. Vahlen, München

Kosiol E (1967) Zur Problematik der Planung in der Unternehmung. Z Betriebswirtschaft 37:77–96

Krag J, Kasperzak R (2000) Grundzüge der Unternehmensbewertung. Vahlen, München

Küpper HU, Friedl G, Hofmann C, Hofmann Y, Pedell B (2013) Controlling. Konzeption, Aufgaben, Instrumente, 6. Aufl. Schäffer-Poeschel, Stuttgart

Lambert C, Sponem S (2012) Roles, authority and involvement of the management accounting function. A multiple case-study perspective. Eur Account Rev 21:565–589

Laux H (1995) Erfolgssteuerung und Organisation. Springer, Heidelberg

Littkemann J, Michalik C (2004) Instrumente des operativen Beteiligungscontrollings. In: Littkemann J, Zündorf H (Hrsg) Beteiligungscontrolling. Neue Wirtschafts-Briefe, Herne, S 146–167

Locke EA, Latham GP (1984) Goal setting: a motivational technique that works! Prentice Hall, Upper Saddle River

Macharzina K, Wolf J (2012) Unternehmensführung, 8. Aufl. Springer, Wiesbaden

Maiga AS, Jacobs FA (2008) Extent of ABC use and its consequences. Contemp Account Res 14:533–566

Malik F (2003) Gefährliche Worte. Manag Mag 2003(12):98

Matschke MJ (1991) Finanzierung der Unternehmen. nwb, Herne

Mensch G (2002) Finanz-Controlling. Finanzplanung und -kontrolle. Oldenbourg, München

Meredith J (1988) Project monitoring for early termination. Proj Manag J 29:31–38

Meyer CA (2007) Working Capital und Unternehmenswert. Gabler, Wiesbaden

Meyer MA, Vickers J (1997) Performance comparisons and dynamic incentives. J Polit Econ 105:547–581

Micklethwait J, Woolridge A (2003) The company. A short history of a revolutionary idea. Modern Library, London

Miller CC, Cardinal LB (1994) Strategic planning and firm performance: a synthesis of more than two decades of research. Acad Manag J 37:1649–1665

Mintzberg H (2009) Management. Berrett-Koehler, San Francisco

Müller-Stewens G, Lechner C (2011) Strategisches Management. Wie strategische Initiativen zum Wandel führen, 4. Aufl. Stuttgart

Nagel M, Mieke P (2014) BWL Methoden: Handbuch für Studium und Praxis. utb, Konstanz

Nevries P, Strauß E, Goretzki L (2009) Zentrale Gestaltungsgrößen der operativen Planung. Z Control Manag 53:237–241

o.V.: WHU Controller-Panel, http://www.whu-on-controlling.com/zahlen/. Zugegriffen: 4. Mai 2017

Porter ME (1985) Competitive advantage. Free Press, New York

Reichmann T, Kißler M, Baumöl U (2017) Controlling mit Kennzahlen, 9. Aufl. Vahlen, München

132   Literatur

Roth A (2016) Einführung und Umsetzung von Industrie 4.0. Grundlagen, Vorgehensmodell und Use Cases aus der Praxis. Springer, Heidelberg

Sanders K, Kianty A (2006) Organisationstheorien. VS, Wiesbaden

Schmalenbach E (1934) Selbstkostenrechnung und Preispolitik, 6. Aufl. Glöckler, Leipzig

Schmalenbach E (1962) Dynamische Bilanz, 13. Aufl. Westdeutscher Verlag, Köln

Schreyögg G, Koch J (2010) Grundlagen des Managements, 2. Aufl. Springer, Wiesbaden

Schult E (1997) Bilanzanalyse Bd. 9. Edition S+W, Hamburg

Schweitzer M et al (2016) Systeme der Kosten- und Erlösrechnung, 11. Aufl. Vahlen, München

Seal W (2010) Managerial discourse and the link between theory and practice: from ROI to value based management. Manag Account Res 21:95–109

Simon H (1961) Administrative Behavior, 2. Aufl. Macmillan, New York

Simons R (1995) Control in an age of empowerment. Harv Bus Rev 73(2):80–88

Speckbacher G, Bischof J, Pfeiffer T (2003) A descriptive analysis on the implementation of balanced scorecards in German-speaking countries. Manag Account Research 14(4):361–387

Staw B, Fox F (1977) Escalation: the determinants to a chosen course of action. Hum Relat 30(5):431–450

Steinmann H, Schreyögg G (2005) Management, 6. Aufl. Gabler, Wiesbaden

Stoffel K (1995) Controllership im internationalen Vergleich. Gabler, Wiesbaden

Sull DN (2005) Strategy as active waiting. Harv Bus Rev 83(9):120–132

Tengblad S (2006) Is there a new managerial work? A comparison with Henry Mintzbergs classic study 30 years later. J Manag Stud 43(7):1437–1461

Thaler RH (1985) Mental accounting and consumer choice. Mark Sci 4(3):199–214

Thaler RH (1999) Mental accounting matters. J Behav Decis Mak 12(3):183–206

Trapp R (2012) Konvergenz des Rechnungswesens – eine Inhaltsanalyse der Diskussion um eine Annäherung des internen und externen Rechnungswesens in deutschsprachigen Fachzeitschriften. Gabler, Wiesbaden

Ulrich P, Probst GJB (1995) Anleitung zum ganzheitlichen Denken und Handeln. Ein Brevier für Führungskräfte, 4. Aufl. , Bern

Vanini U (2012) Risikomanagement. Grundlagen, Instrumente, Unternehmenspraxis. Schäffer-Poeschel, Stuttgart

Wall F (2001) Ursache-Wirkungsbeziehungen als ein zentraler Bestandteil der Balanced Scorecard Möglichkeiten und Grenzen ihrer Gewinnung. Controlling 13(2):65–74

Weber HK, Rogler S (2004) Bilanz sowie Gewinn- und Verlustrechnung, 5. Aufl. Betriebswirtschaftliches Rechnungswesen, Bd. 1. Vahlen, München

Weber J, Schäffer U (1999) Sicherstellung von Rationalität der Führung als Aufgabe des Controlling? DBW 59:731–747

Weber J, Schäffer U (2016) Einführung in das Controlling, 15. Aufl. Schäffer-Poeschel, Stuttgart

Weber J, Bender M, Eitelwein O, Nevries P (2009) Von Private Equity Controllern lernen. Wiley-VCH, Weinheim

Weitzmann ML (1976) The new soviet incentive model. Bell J Econ 7:251–257

Wild J (1974) Grundlagen der Unternehmensplanung. Rowohlt, Reinbek

Wild J (1982) Grundlagen der Unternehmensplanung, 4. Aufl. Rowohlt, Reinbek

Zünd A (1973) Kontrolle und Revision in der multinationalen Unternehmung. Haupt, Bern

„Studienwissen kompakt" – die neue Lehrbuchreihe

2015. VII, 162 S. 39 Abb. Brosch.
€ (D) 14,99 | € (A) 15,41 | *sFr 19,00
ISBN 978-3-658-07211-7
€ 9,99 | *sFr 15,00
ISBN 978-3-658-07212-4 (eBook)

2015. XI, 204 S. 24 Abb. Brosch.
€ (D) 14,99 | € (A) 15,41 | *sFr 19,00
ISBN 978-3-658-07350-3
€ 9,99 | *sFr 15,00
ISBN 978-3-658-07351-0 (eBook)

2015. XI, 132 S. 5 Abb. Brosch.
€ (D) 14,99 | € (A) 15,41 | *sFr 19,00
ISBN 978-3-658-06796-0
€ 9,99 | *sFr 15,00
ISBN 978-3-658-06797-7 (eBook)

2016. IX, 172 S. 22 Abb. Brosch.
€ (D) 14,99 | € (A) 15,41 | *sFr 19,00
ISBN 978-3-658-05692-5
€ 9,99 | *sFr 15,00
ISBN 978-3-658-05693-3 (eBook)

2015. XII, 163 S. 17 Abb. Brosch.
€ (D) 14,99 | € (A) 15,41 | *sFr 19,00
ISBN 978-3-658-06764-9
€ 9,99 | *sFr 15,00
ISBN 978-3-658-06765-6 (eBook)

2015. VIII, 154 S. 1 Abb. Brosch.
€ (D) 14,99 | € (A) 15,41 | *sFr 19,00
ISBN 978-3-658-06820-2
€ 9,99 | *sFr 15,00
ISBN 978-3-658-06821-9 (eBook)

2015. X, 120 S. 28 Abb. Brosch.
€ (D) 14,99 | € (A) 15,41 | *sFr 16,00
ISBN 978-3-658-08979-5
€ 9,99 | *sFr 12,50
ISBN 978-3-658-08980-1 (eBook)

2., vollst. akt. und überarb. Aufl. 2015. XIV, 246 S. 86 Abb. Brosch.
€ (D) 14,99 | € (A) 15,41 | *sFr 19,00
ISBN 978-3-662-44326-2
€ 9,99 | *sFr 15,00
ISBN 978-3-662-44327-9 (eBook)

2016. IX, 158 S. 30 Abb. Brosch.
€ (D) 14,99 | € (A) 15,41 | *sFr 15,50
ISBN 978-3-662-45808-2
€ 9,99 | *sFr 12,00
ISBN 978-3-662-45809-9 (eBook)

2015. XI, 130 S. 25 Abb. Brosch.
€ (D) 14,99 | € (A) 15,41 | *sFr 19,00
ISBN 978-3-658-07164-6
€ 9,99 | *sFr 15,00
ISBN 978-3-658-07165-3 (eBook)

2015. XI, 198 S. 34 Abb. Brosch.
€ (D) 14,99 | € (A) 15,41 | *sFr 16,00
ISBN 978-3-662-46181-5
€ 9,99 | *sFr 12,50
ISBN 978-3-662-46182-2 (eBook)

2015. XII, 229 S. 40 Abb. Brosch.
€ (D) 14,99 | € (A) 15,41 | *sFr 19,00
ISBN 978-3-662-46238-6
€ 9,99 | *sFr 15,00
ISBN 978-3-662-46239-3 (eBook)

Druck:
Canon Deutschland Business Services GmbH
im Auftrag der KNV-Gruppe
Ferdinand-Jühlke-Str. 7
99095 Erfurt